庐山日本柳杉

引种及其人工林生态研究

刘苑秋 徐 俊 邓文平 等著

中国林业出版社
China Forestry Publishing House

内容简介

日本柳杉（Cryptomeria japonica）原产日本。庐山是我国大陆最早引种造林的地区，其历史最早可以追溯到 1913 年。日本柳杉是庐山引种面积最大的外来树种，现已成为庐山重要的森林植被类型以及庐山国家风景名胜区的特色森林景观，具有重要的观赏、科研、人文等价值。日本柳杉作为外来树种，其人工林生态引起了学界和社会各界关注。2014年江西庐山森林生态系统国家定位观测研究站开始以日本柳杉人工林为对象，从档案资料中系统梳理日本柳杉在庐山的栽培历史和人工林营造状况，基于常规定位监测、树木年轮学、稳定同位素、高通量测序、树干液流等技术手段，围绕日本柳杉在庐山的生长适应性及其机制、人工林生态特征与功能开展系统研究。该书共十一章，第一章系统阐述日本柳杉引种历史和发展状况；第二至第十章分别从日本柳杉人工林生长、水文、小气候、土壤理化、倒木分解碳释放、土壤温室气体排放、土壤动物、土壤丛枝菌根真菌以及森林康养要素等特征，系统揭示庐山日本柳杉人工林水、土、气、生及碳氮循环特征、森林康养功能；第十一章为结论与展望，概述了主要结论。本书可作为林学、生态学、生物学、土壤学、水土保持与荒漠化防治等相关学科科研人员、高等院校师生的参考书。

图书在版编目（CIP）数据

庐山日本柳杉引种及其人工林生态研究／刘苑秋等著 . —北京：中国林业出版社，2022.10
ISBN 978-7-5219-1885-4

Ⅰ.①庐…　Ⅱ.①刘…　Ⅲ.①日本柳杉-引种栽培-研究②日本柳杉-人工林-生态系统-研究　Ⅳ.①S791

中国版本图书馆 CIP 数据核字（2022）第 181076 号

中国林业出版社·自然保护分社（国家公园分社）

策划与责任编辑：肖　静

出版发行　中国林业出版社（100009　北京市西城区刘海胡同 7 号）
　　　　　http：//www. forestry. gov. cn/lycb. html　　电话：（010）83143577
印　刷　河北京平诚乾印刷有限公司
版　次　2022 年 10 月第 1 版
印　次　2022 年 10 月第 1 次印刷
开　本　787mm×1092mm　1/16
印　张　12
字　数　247 千字
定　价　60.00 元

著者名单

主要著者

刘苑秋　徐　俊　邓文平　刘　玮　张　令　胡少昌

参写人员

吴春生　文　野　叶　清　刘晓君　邹　芹　白天军　黄家辉
胡百强　张　毅　唐晓敏　温林生　方海富　凌文胜　万　薇

序

　　凡是到过庐山的游客都会对庐山上多处景点能见到的、大片整齐挺拔的森林有所赞叹，这些森林多半是日本柳杉林。我在上大学时的 20 世纪 60 年代初第一次到庐山，因为我学的是林学专业，所以知道这个树种是从日本引进的，叫日本柳杉。至今已过去 60 年了，因为专业的缘故，我去庐山的机会比较多，时不时就会去一趟，每次去庐山，必定会见到日本柳杉林，自觉不自觉地见证到日本柳杉林的各个生长阶段。前期见到的是森林幼龄期到中龄期，林分普遍生长旺盛，现在森林已到成熟期甚至过熟期，林中常能见到较多枯枝、倒木和一些枯死木及生长衰弱的濒死木，但大部分的林木仍然生长苗壮，有些林木的粗壮根系就附着在岩石上露出地表，林木的粗壮、挺拔，柳杉林的壮观，还真让人惊奇于树木顽强的生存能力和坚韧的生命力。

　　尽管在这 60 多年中，我到过庐山无数次，对日本柳杉也是常去常见，但还真只是认识而已，看它不断生长、不断变化。最近，刘苑秋、徐俊、邓文平等著了《庐山日本柳杉引种及人工林生态研究》一书并邀我写序，我才有机会认真仔细拜读专著的同时静下心来回忆去庐山时接触日本柳杉的一些往事。从这本专著中我了解到，庐山最早引种日本柳杉是在 1913 年，是将日本柳杉作为选择亚高山适生树种引进的，大面积引种造林是庐山林场在 1950 到 1971 年之间进行和完成的，截至 2009 年，庐山日本柳杉小班面积累积近 5000 亩，是我国大陆引种日本柳杉最早、栽培最为集中的一个区域，大部分林分树龄在 60 至 80 年之间，最大树龄已过百年。长期以来，日本柳杉已成为庐山重要的森林植被类型，庐山国家风景名胜区的特色森林景观，具有重要的、独特的观赏、游憩、科研、人文等价值，也是我国全面研究日本柳杉引种难得的基地。

　　著者们在 2014 年江西庐山森林生态系统国家定位观测研究站成立之后，基于庐山国家级自然保护区、庐山林场的基础条件和长期积累，依托定位观测研究站多学科强大的研究队伍，借助现代观测设施和装备，利用树木年轮学、稳定同位素、高通量测序、树干液流等现代技术手段，围绕日本柳杉在庐山的生长适应性及其机制、日本柳杉人工林的生态特征、毛竹扩张对日本柳杉林的生态影响等基础理论及应用基础理论问题，开展了系统、全面的研究。

该专著从庐山国家级自然保护区和庐山林场档案资料中系统整理日本柳杉在庐山的引种缘由、营造布局和发展历程；基于日本柳杉人工林的生态监测和试验调查结果揭示其在庐山的生态适应性及其人工林水文、小气候、土壤、碳氮循环要素等特征。针对一个大面积引种百余年的树种，著者们积累了丰富的史料，研究内容系统全面、研究方法先进，实在难能可贵。研究成果还丰富了庐山树木引种实践和森林生态学、森林培育学、森林景观学理论，具有历史性、现实性、前瞻性和较高的学术价值。

研究表明，庐山引种日本柳杉是成功的，在庐山早期的荒山造林中是有重要贡献的，日本柳杉林的发展阶段以及对环境的影响是有序和可控的，表现和发挥了它应有的森林效应，相继从庐山被引种到全国十多个省份也获得成功。由于当时引种栽培是以纯林结构为主，随着林分发育阶段的演替，逐渐出现了一些纯林结构所带来的生态问题，特别是一些林分密度过大，如生物多样性的降低，林下植被覆盖度低，局部地段水土流失，等等。从庐山区域森林环境需求和森林发展的规律分析，为了持续不断提升日本柳杉林的森林效应和环境效应，需要对日本柳杉的结构进行调整、完善、提升。总体来说，当前庐山日本柳杉林的林分结构在理论和实践上是"可以控制，可以调整，可以改造，可以优化"的。

刘苑秋教授团队凭借敏锐的学术洞察力，将日本柳杉引种作为研究命题，是有心人；他们组织强大的多学科作者队伍，广泛搜集、挖掘庐山长期的引种实践积累，编制研究方案进行全方位的研究，是用心人；经过长期的调查、定位观测和综合分析，撰写了既具有较高学术价值，又有实践指导意义，可以"藏之名山"又能"传之其人"的杰作，是尽心人。我在学习、领会后有了深切感悟，获得了许多启发，特别推荐给感兴趣的读者阅读。

江西农业大学原副校长
国家教学名师
林学教授
博士生导师
江西省林学会首席专家

2022.8

前　言

日本柳杉原产日本，据记载庐山是我国大陆最早引种造林的地区，其引种历史最早可以追溯到 1913 年。日本柳杉是庐山引种面积最大的外来树种，其人工林现已成为庐山重要的森林植被类型以及庐山国家风景名胜区的特色森林景观，具有重要的观赏、科研、人文等价值。庐山的日本柳杉作为外来树种和我国大陆最早引种栽培的人工林，其人工林生态引起社会各界关注。2014 年江西庐山森林生态系统国家定位观测研究站立项建设开始就把日本柳杉人工林作为生态站主要研究对象之一，在所承担的国家自然科学基金项目"庐山针叶林雾水截留、利用机制及其生态效应（31860236）""中亚热带典型森林倒木分解碳释放驱动机制（31460185）""森林康养要素及其康养机制研究（31660230）""毛竹扩张过程中地下食物网变化及其对 N 矿化转移的作用（31400528）"以及省自然科学基金项目"庐山毛竹扩张对土壤动物群落及地下食物网影响及其机制研究（20151BAB214018）"、省教育厅项目等相关课题和庐山国家级自然保护区的专项监测中，都包括日本柳杉林。江西庐山国家级自然保护区管理局、江西庐山林场为此提供了大量档案资料。本研究历时 7 年，基于档案资料系统梳理了日本柳杉在庐山引种栽培历史和人工林营造状况，依托庐山森林生态站的定位观测和树木年轮学、稳定同位素、高通量测序、树干液流等技术手段，围绕日本柳杉在庐山的生长适应性及其人工林生态系统水文、小气候、土壤理化特性、土壤碳氮循环特征、森林康养功能开展系统研究，旨在为日本柳杉人工林健康维持和庐山森林可持续经营提供理论依据。

全书共十一章，具体分工如下：刘苑秋、徐俊负责全书整体内容设计和全书审核；刘苑秋负责前言以及第 1、11 章以及第 2 章第 2.1 节；邓文平负责第 2 章第 2.2~2.4 节和第 3 章；叶清负责第 4 章；刘晓君负责第 5 章；吴春生负责第 6 章；张令负责第 7 章；刘玮负责第 8 章和第 9 章；文野负责第 10 章；张令负责统稿；胡少昌负责研究课题协调和档案资料整理、审核；其他著者参与项目研究和部分内容的撰写。江西农业大学研究生郭锦荣、邹贵武、廖丽琴、李超、张志坚、黄国贤、王翰琨、杨顺尧、潘洋刘、潘俊、牛杰慧、袁希、李鹏、汪晨、陶凌剑等参与野外调查和试验研究。

　　本书承蒙我国著名森林培育学家、国家教学名师、江西农业大学原副校长、江西省林学会首席专家、博士生导师杜天真教授在百忙之中审阅并拨冗赐序，在本书出版之际谨向杜天真先生表示衷心感谢！在课题研究和本书的撰写出版过程中，得到了江西农业大学、江西庐山国家级自然保护区管理局、江西庐山林场等单位领导、同行们以及江西庐山森林生态系统国家定位观测研究站同仁的热情支持，谨此向各位表示衷心感谢！本书撰写参考了相关领域研究的国内外文献，参考文献分别列于各章正文之后，庐山植物园胡宗刚先生提供了部分历史资料，江西农业大学智晓敏老师帮助翻译了日文文献，在此向文献作者和胡宗刚先生、智晓敏老师致以真诚的谢意！

　　本书力求做到史料丰富、内容翔实，有较高的学术价值，由于作者水平有限，难免有不足之处，敬请同行和读者批评指正。

刘苑秋

2022 年 8 月 16 日于南昌

目　录

第1章　日本柳杉引种历史与发展状况

1.1　庐山引种日本柳杉缘由和历史

庐山引种日本柳杉的历史与庐山林场的历史密切相关。

早在清光绪三十二年(1906年)，江西著名林业学者刘树堂与其他科考人员曾4次来庐山考察，经科学记证，匡庐大地土质肥沃，雨水充足，气候温凉，环境独特，利于培育和种植亚高山树种的优良佳地。3年后即清宣统元年(1909年)，由江西劝业道傅莟生道台主事，准备在庐山黄龙寺一带造林，后因进入11月份，气候寒冷，改在庐山东林寺一带安营扎寨，圈地2000余亩，植树20万株，一时间匡庐大地造林运动轰轰烈烈。清宣统二年(1910年)抚院拨款，提学司王同俞在庐山白鹿洞创办林业高等学堂，并邀请日本林业学者亲临踏勘指导。正是这些前辈们的决策和创举，宣统三年，江西林业发轫之官办林场才正式宣告成立。1913年1月1日，庐山林场被江西省国民政府正式定名为江西庐山森林厂，后改名为"江西省森林局"，1927年更名为庐山林场，一直延续至今。1916年，胡先骕先生第一次自美国留学归来，便来到"灵秀郁崔嵬"的庐山，任庐山森林局副局长兼技术员。1929年庐山林场归江西省建设厅所属，派林学家钟毅任场长。钟毅(1886—1969年)早年就读于南京两江师范学堂，1910年赴日留学，1914年毕业于东京帝国大学农学部林科。归国后任江西省立农业专科学校校长，该校设于白鹿洞书院，庐山的不少原产日本的针叶树种，如日本柳杉、日本扁柏、日本花柏，即为钟毅引自日本。自庐山林场成立后，庐山荒山秃岭的面貌才逐步得到了改观，资料统计，到1934年庐山林场共开辟林地1.01万亩，造林植树461万株，其中包括日本柳杉、日本扁柏、黄山松等。正当庐山林场发展壮大之时，1937年抗日战争爆发，抗日战火逐步蔓延到匡庐大地。抗战8年，匡庐大地上90%的森林遭到毁灭性的砍伐及焚烧，尤其是白鹿洞书院1/3以上的古松遭到砍伐，东林寺林区毁灭殆尽，一片狼藉。唯有牯岭牧马场和黄龙等地残留针叶幼林逾100hm^2。1945年抗战结束，为重振庐山林业，江西国民政府责令省农业院技师雷振来庐山林场就职，恢复机构，又开始了正常的植树造林。1949年5月18日，庐山获得解放，庐山军管会接管庐山林场工作，从1951年开始，庐山管委会书记沈坚根据江西省人民政府发出的"消灭荒山，大力开展人民群众造林活动"的指示精神，在匡庐大地上掀起了一场轰轰烈烈的人民植树造林运动。据1949年初的统计，庐山共开辟林地4.09万亩，茶园90亩，植树100万余株造林近3万余亩。而且日本柳杉、日本扁柏、黄山松、广叶杉已成林成片，树种销往全国19个省200余个县(市)，成为长江中下游一带中高山树种推广和利用的良佳之地。仅1935—1975年共营造并保留日本柳杉林281.3hm^2。

1

1.2 庐山日本柳杉人工林营造概况

林业资源清查的小班数据显示,庐山现有日本柳杉林 316.47hm²,主要分布于庐山风景区、星子县、庐山区,面积分别为 281.3hm²、29.9hm²、5.3hm²。林龄在 48~88a,平均林分密度为 2500 株/hm²,郁闭度在 0.4~0.9,在庐山的 390~1300m 各个海拔地均有分布,坡度在 2°~40°,坡位遍布于上、中、下坡、平地和山谷,坡向占据了东、南、西、北、东南、西南、东北、西北八个方位;土壤类型以黄壤、黄棕壤为主,成土母岩包括花岗岩、页岩等;平均土层厚度 55.67cm,腐殖质厚度在 0.4~2cm,林分组成以纯林为主(表 1-1)。

表 1-1　庐山日本柳杉人工林状况

项目	海拔(m)	坡度°	腐殖质厚度(mm)	土层厚度(cm)	林龄(a)	密度(株/hm²)	郁闭度	林分组成
最大	1300	40	20	80	88	3750	0.9	10 柳杉
最小	90	2	4	45	48	900	0.4	6 柳 4 柏

1.2.1 日本柳杉林营造年份及组成面积分布

庐山日本柳杉林的主要营林年份为 1935—1975 年(小班调查数据),在此期间共营造 316.47hm²日本柳杉林,平均每年造林面积为 7.91hm²。按照十年为一阶段划分,将其划分为 1935—1945 年、1946—1955 年、1956—1965 年、1966—1975 年 4 个营林阶段,其中,1956—1965 年、1966—1975 年营林面积分别为 106.60hm²、144.07hm²,造林面积最少的阶段是 1946—1955 年(25.60hm²)(图 1-1)。

庐山不同林分组成的日本柳杉林面积分布如图 1-2 所示,"10 柳"的面积占比最大,占据柳杉林总面积的 58.7%,面积占比最小的是"7 柳"林分,仅占据总面积的 2.8%;剩余"9 柳""8 柳""6 柳"分别占据总面积的 3.0%、20.3%、15.2%。

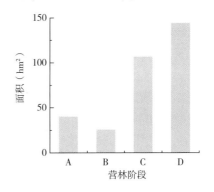

图 1-1　日本柳杉林不同营林阶段的面积分布

注:A、B、C、D 分别代表 1935—1945 年、1946—1955 年、1956—1965 年、1966—1975 年 4 个日本柳杉造林阶段。

1.2.2 日本柳杉林不同立地面积分布情况

庐山日本柳杉人工林主要分布在海拔 800~1200m,占 71.03%;在坡度 10°~30°占据绝大部分(75.54%),在 10°~20°、20°~30°各分布了 132.50hm²、106.57hm²。坡向上分布最多的是西北坡(123.47hm²,39.01%),最少的是东坡(8.40hm²,2.65%)。在坡位方面,上、中

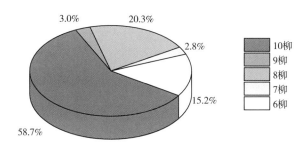

图 1-2　不同林分组成的日本柳杉林面积占比分布

注：柳杉前面的数字代表日本柳杉在小班内的林分占比，"6 柳"代表该小班内柳杉
蓄积量占据了 60%。

坡位各分布 68.90、194.77hm² (21.77%、61.54%)；在红壤、黄壤、黄棕壤分布 12.70、59.57、244.20hm² (4.01%、18.82%、77.17%)(表 1-2~表 1-6)。

表 1-2　按海拔面积分布

海拔	≤400m	400m~800m(含 800m)	800m~1000m(含 1000m)	1001m~1200m(含 1200m)	>1200m
面积(hm²)	1	38.1	74.2	125.6	42.4
占比(%)	0.36	13.54	26.38	44.65	15.07

表 1-3　按坡度面积分布

坡度	≤10°	10~20°	20~30°	>30°
面积(hm²)	36.00	132.50	106.57	41.40
占比(%)	11.37	41.87	33.68	13.08

表 1-4　按坡向面积分布

坡向	北坡	东北坡	东坡	东南坡	南坡	西南坡	西坡	西北坡
面积(hm²)	36.20	49.37	8.40	19.23	18.20	16.80	44.80	123.47
占比(%)	11.44	15.60	2.65	6.08	5.75	5.31	14.16	39.01

表 1-5　按坡位面积分布

坡位	上部	中部	下部	山谷	平地
面积(hm²)	68.90	194.77	34.80	14.40	3.60
占比(%)	21.77	61.54	11.00	4.55	1.14

表 1-6　按土壤类型面积分布

土壤类型	红壤	黄壤	黄棕壤
面积(hm²)	12.70	59.57	244.20
占比(%)	4.01	18.82	77.17

1.3 庐山与原产地日本柳杉林比较分析

1.3.1 日本柳杉在原产地的分布与栽培状况

日本柳杉喜温暖湿润气候。适生区年均气温为 11～22℃，年降水量为 1300mm 以上，相对湿度大于 75%。日本柳杉在日本的天然分布北界为青森县（北纬 40°42′）、南界为鹿儿岛县（北纬 30°15′），从暖温带到寒温带呈间断分布，大多分布于秋田、山形、新潟、富山、福井、鸟取、岛根等靠日本海一侧，靠太平洋一侧较少分布（图 1-3）。最有名的日本柳杉天然林在秋田的米代川流域、鹿儿岛县的屋久岛、高知县的鱼梁濑等地。它一般和寒温带树种，如日本冷杉（*Abies firma*）、日本扁柏（*Chamaecyparis obtusa*）、日本香柏（*Thuja standishii*）、罗汉柏（*Thujopsis dolabrata*），以及一些落叶阔叶树，如日本山毛榉（*Fagus. Japonica*）、粗齿蒙古栎（*Quercus mongolica Fischer ex Ledebour* var. *grosseserrata*）、水胡桃（*Pterocarya rhoifolia*）一起生长，在日本西南部的暖温带地区，日本柳杉和各种寒温带树种以及常绿月桂栎树种形成了植物群落的镶嵌，比如，日本厚皮香（*Ternstroemia*

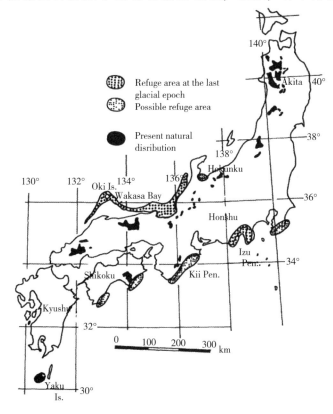

图 1-3 日本柳杉的天然分布图

注：refuge area at the last glacial epoch：最后一次冰期避难区。Possible refuge area：可能避难区。Present natural distribution：现在的天然分布区。源于 Hayashi（1951）and Tsukada（1980）地图信息编制，摘自 K. Ohba1，1993。

japonica）、日本茵芋（*Skimmia japonica*）。在水平分布的最南端屋久岛，日本柳杉与日本冷杉、日本扁柏、日本紫荆以及青冈属的不同种一起生长（Matsuo Tsukada，1982）。日本柳杉在本州岛中部以北，靠日本海一侧的多雪地带，散生于栎类、槭类、七叶树、西博氏胡桃等为主的阔叶林中。在本州岛中部以南，生长于壳斗科为主的常绿阔叶林的上部，海拔700~1000m，与日本冷杉、铁杉组成山地针叶林，那里湿度大，终年云雾缭绕。

日本柳杉天然分布区母岩为安山岩、花岗岩、片麻岩、石英斑岩、页岩、黏板岩、砂岩、砾岩、石灰岩等（潘志刚等，1994）。它喜湿润土壤，一般在土层深厚、肥沃的谷地及缓坡地生长最好。适合日本柳杉生长的土壤类型很多，但最适合的是湿润性褐色森林土壤（潘志刚等，1994）。日本柳杉耐荫，耐湿，耐轻度盐碱，较耐寒，畏高温炎热，忌干旱。

目前在日本的天然林垂直分布最高限是在屋久岛海拔1850m，人工林最高海拔达到2050m（表1-7）（王江等，2007）。

表 1-7　日本柳杉纬度与海拔的天然分布

北纬（°）	分布海拔范围（m）	最适生的海拔范围（m）
41	450~1130	500~1000
40	100~1250	300~700
39	150~1000	200~600
38	20~1600	200~1000
37	10~2050	300~1600
36	110~1400	600~1300
35	50~1500	400~1000
34	0~1550	500~1000
33	300~1000	600~800
30	300~1850	400~1400

日本柳杉为亚热带植物，较喜光、浅根性、侧根发达、根幅通常大于冠幅。喜湿度大而多云雾的山地气候，在土层深厚肥沃、疏松湿润、排水良好的酸性土壤上生长良好。生长迅速，枝条柔韧有弹性，抗风、耐雪压能力强（王江等，2007），与中国柳杉生态学特性极为相似（见表1-8）。

表 1-8　主要日本柳杉天然立地因子对照表

分布地	海拔高度（m）	年均气温（℃）	年降水量（mm）	土壤	伴生植物
武夷山	1000~1800	19~16	1700	黄壤、黄棕壤	南方铁杉、粗榧、灯笼花、鹿角杜鹃、云锦杜鹃
屋久岛	300~1850	17.9~9.2	3879	褐色森林土	山车、姬婆罗、刺锹、日本铁杉、冷杉
鱼梁濑	500~1100	13.8~10.5	3977	褐色森林土	铁杉、枪木、芥草

(续)

分布地	海拔高度(m)	年均气温(℃)	年降水量(mm)	土壤	伴生植物
立山黑部	400~2050	11.7~2.6	3435	褐色森林土	欧洲花楸、青森椴松、色木槭
秋田	150~1000	9.4~4.7	1751	褐色森林土	山毛榉、栗、金刚樱、色木槭
青森	300~600	9.1~7.5	1367	褐色森林土	高山榉、栲、羽团扇枫、高山漆

注：资料来源王江等(2007)。

　　日本早在 1592 年就有栽植记录，特别是大雄山寺有近 400 年历史，从那里还能清楚地了解栽植年代和柳杉所占的比例(铃木清，1987)。原产地的人工林在水平分布上超过天然分布区的范围，北至北海道的留萌附近(N43°50′)，南达八重山群岛(N24°左右)。垂直分布上，在东北部海拔为 100~1250m，关东地方海拔为 110~1000m，中部海拔为 20~1800m，四国地方海拔为 300~1400m，九州地方海拔为 300~1850m(H Taira et al.，1997)。

　　大雄山寺年平均气温为 14℃，年降雨在 2000mm 左右，气候温暖，宜于柳杉生长，其林龄 300a 前后的林分生长状况见表 1-9(铃木清，1987)。

表 1-9　太雄山柳杉林的现状(1986.1.)

项目	标准地	
	A	B
场所	字丸山	字立间板
林龄(a)	约 300	约 300
平均胸高直径(cm)	94.8	86.3
平均树高(m)	40	39
平均材积(m³)	12.69	10.71
每公顷立木数(株)	207	158
每公顷立木材积(m³)	2624	1694

　　至 2004 年，日本的全部森林面积约为 2500 万 hm²，人工林面积约为 1000 万 hm²，其中有 40%是日本柳杉，大部分是 20 世纪 60~70 年代所造，造林地遍布除北海道外的日本全境(龙秀琴等，2005)。根据日本林野厅 2017 年 3 月 31 日的森林资源统计信息，日本柳杉人工林面积、蓄积量分别达 444 万 hm²、19 亿 m³，分别占全日本人工林的面积、蓄积量的 44%、58%，2019 年原木产量 1274 万 m³(日本木材出口协会，2020)。

1.3.2　庐山与原产地的气候、土壤条件对比

　　日本柳杉在日本的适生区年均气温 11~22℃，年降水量 1300mm 以上、相对湿度大于 75%、多雾。庐山位于江西省九江市，北纬 29°25′18″~29°39′57″，东经 115°52′38″~116°05′25″，地处长江南岸，鄱阳湖西畔的长江与鄱阳湖交汇处。亚热带季风湿润气候区，冬长夏短、春迟秋早、降水及云雾多。多年平均气温 11.6℃，最热月 7 月平均气温

22.3℃，极端最高气温 31.1℃（1978 年），最冷月 1 月平均气温-4.1℃，极端最低气温-16.7℃（1991 年）；≥10℃积温为 3521℃；平均无霜期 216d。按照热量指标，庐山（山体上部）具有北亚热带或暖温带的特征，而山麓属于中亚热带。年均降水量 2068.1mm，年均降雨日为 172.2d；多年平均有雾日 191.9d。可见，庐山气候条件与柳杉原产地日本适生区非常相似。

日本柳杉在日本主要天然林的土壤为黄壤、黄棕壤、褐色森林土。庐山地带性土壤为红壤，但垂直分布带谱明显，海拔 400m 以下山麓地带为红壤；海拔 400~800m 为黄壤；800~1100m 为黄棕壤；1000m 以上的山顶和山脊较平缓地段为山地草甸土。因此，庐山海拔 400m 以上土壤类型与原产地主要天然分布区相同。

1.3.3　庐山与原产地日本柳杉林生长比较

日本柳杉在庐山前 5 年生长较慢，一般年均高生长 0.25~0.4m，造林后 5~8 年幼树进入生长旺期（居翔汉 等，1986）。10~20 年为高生长速生期，30~40 年蓄积量迅速增长（见表 1-10 和表 1-11）。日本柳杉在庐山一般需 8a 才开花结实，日本扁柏则需 13a。但结实的迟早和结实量的多少与林地生境有关。在光照充足、土壤又较瘠薄的低海拔地段，结实期要提早 2~3a，而且其结实量有大小年之分，日本柳杉隔年为大年。种子千粒重为 3~3.5g，发芽率 20~25%（居翔汉等，1986）。

表 1-10　日本柳杉在庐山的生长过程

树龄（年）	胸径（cm）			树高（m）			材积（m³）		
	总生长量	连年生长量	平均生长量	总生长量	连年生长量	平均生长量	总生长量	连年生长量	平均生长量
10	1.84	1.84	0.184	3.68	3.68	0.368	0.00098	0.00098	0.000098
20	9.53	7.69	0.769	9.05	5.37	0.537	0.0314	0.03042	0.00301
30	13.05	3.52	0.352	13.46	4.41	0.44	0.0783	0.0469	0.00496
40	16.57	3.52	0.352	15.96	2.50	0.25	0.1684	0.0901	0.00901
50	20.58	4.01	0.401	18.02	2.06	0.206	0.26308	0.09468	0.00947

日本新潟县前桥营林局 59~63 年生（1964 年设置）的日本柳杉林里，试验地年均气温 10.1℃，平均降水量 1982mm，土壤是在石英斑岩风化的运积母质上形成的，属 B/D 型的黑色土壤，是酸性比较强、石灰淋溶显著、肥力低的土壤。日本柳杉平均树高 14.1~18.4m，平均胸径 19.6~25.7cm（塘隆男，1981）（表 1-11）。

表 1-11　日本新潟县前桥营林局试验林状况

地段	试验区	株数密度（株/hm²）	平均树高（m）	平均胸径（cm）	胸高断面积合计（m²/hm²）	材积（m³/hm²）
I	A	1.670	14.5	20.2	55	408
	B	1.980	14.2	19.6	61	447
	C	1.790	14.4	20.5	61	447

（续）

地段	试验区	株数密度 （株/hm²）	平均树高（m）	平均胸径（cm）	胸高断面积合计 （m²/hm²）	材积 （m³/hm²）
Ⅱ	A	1.420	16.3	22.3	57	467
	B	1.440	14.7	21.3	52	391
	C	1.660	14.1	21.3	58	414
Ⅲ	A	1.050	18.4	25.7	54	494
	B	1.180	18.1	24.9	58	525
	C	1.430	17.5	24.6	69	599

从表 1-12 可以看出，与原产地日本的柳杉相比，庐山 63 年生日本柳杉林平均树高为 19.30~19.90m，平均胸径为 18.9~26.6cm（居翔汉等，1986），均略高于原产地日本新潟县。

表 1-12　庐山日本柳杉林林分密度与林木生长

林龄（a）	标准地号	标地面积（亩）	株数	平均树高（m）	平均胸径（cm）	单株材积（m³）	蓄积量（m³/亩）
	8	0.6	60	19.90	26.60	0.5200	52.003
63	14	0.6	62	19.30	24.20	0.4169	43.080
	25	1.0	162	19.65	18.90	0.2595	42.039

1.4　日本柳杉林在我国的发展状况

1.4.1　台湾引种与发展状况

据田中市二（1914 年）所述，明治 29 年（1896 年）台湾首次从日本引种在台北附近进行了少量的栽种，明治 34 年（1901 年）在基隆水源涵养林进行了造林。尽管地理位置欠佳，但据记录，因为当地降雨量充足，日本柳杉还是呈现出了较好的生长态势。据早尾丑磨氏的《日本林业》[昭和 5 年（1930 年）]记载："阿里山政府采伐点于大正元年（1912 年）在阿里山工作站首次进行造林，伴随着采伐工作的推进，台中八仙山项目点和罗东太平山项目点（浊水溪）也陆续展开了柳杉造林工作。"种植柳杉所需要的种子，几乎都是从日本进口。柳杉人工林的初期生长状况大体上良好，但已有林龄超过 50a 的林分几乎都没有结出果实。而且，虽然阿里山母林通过间伐来促进结果，不知是否由于营养生长过于旺盛的原因，林缘木上也没有结出太多果实，树龄为约 35a 以下的基本都不结实（坂口胜美，1973）。

日本柳杉林自 1896 年从日本引种，由于其生长迅速，生长健壮，已成为台湾地区最重要的人工林种之一。至 1995 年面积约 4.5 万 hm² 在台湾海拔 800~2000m 的山区（台湾省林业局，1995 年）（Wan-Rou Lin et al.，2015）。根据最新的台湾森林资源清查，该物种仍约占台湾人工林面积的 18%，单位面积林分蓄积量 389m³/ha，在所有针叶林中最高（台湾林业局，2017）。

1.4.2　中国大陆的引种与发展状况

中国大陆最早由庐山引种，后有十几个省份相继从庐山引种，至 20 世纪 80 年代，我国大陆引种栽培日本柳杉的有江西、福建、浙江、江苏、上海、安徽、山东、湖南、湖北、河南、陕西、四川、贵州、云南、广西、广东等 16 个省份。栽培范围南至广西玉林地区的六万大山（约北纬 27°20′），北到山东烟台（约北纬 37°30′），东起海滨（约东经 122°），西达峨眉山—昭通—昆明一线（约东经 102°30′）。海拔高度自上海、烟台的 3～4m 到鄂西山地的 1900m，在云南昭通可达 2300m，基本上形成了一个适宜的引种栽培区。再往北则生长不良，其主导限制因子是水分，北界以北的年降水量少（650mm 以下）、大气相对湿度小（70% 以下），不利于日本柳杉生长。往西为横断山脉的东侧，是海拔 2000m 以上的山地，山地温度低也限制了日本柳杉的生长（杨建国，1980）。

日本柳杉在我国的引种栽培区内，由于自然环境和地理条件差异很大，所以生长发育优劣非常悬殊。影响日本柳杉生长发育的主要因子有水分、温度、土壤、地形等。表 1-13 为日本柳杉生长适应性调查结果表（杨建国，1984）。

表 1-13　日本柳杉生长适应性调查表（1976-1981）

调查地点	引种时间（年）	地形	海拔（m）	土壤类型	极端最高温度（℃）	极端最低温度（℃）	年均气温（℃）	年均降水量（mm）	树龄（a）	平均胸径（cm）	平均树高（m）	25a 以下年平均高生长量（cm）	备注
烟台人民公园	1960	平原	4	棕壤	37.2	-13.1	14	721.1	16	6	3.5	21.8	枝叶枯黄与其他树种混交
山东昆嵛山林场	1972	丘陵	80	棕壤	37.2	-18.8	14.3	728.2	5		2.2	44	
济南花卉苗圃	1961	平原	54	淋溶褐土	42.7	-19.7	14	650	15	13	35.0	33	
郑州人民公园	1955	平原	80	淋溶褐土	43.0	-15.8	14.3	640	24	20	13	54	
郑州河南饭店	1955	平原	80	淋溶褐土	43.0	-15.8	14.3	640	24	15	3.8	33	
洛阳园林处苗圃	1974	平原	200	褐土	39.5	-20	14.5	600-700	5	2	3.5	70	灌溉，叶黄化
洛阳人民公园	1962	平原	200	褐土	39.5	-20	14.5	600-700	17	12	6	30	
青岛人民公园	1946	平原	8	棕壤	36.2	-16.4	12.2	702	30	25	26	33	
山东泰山林场	1972	山地	700	山地棕壤			12.8	746.9	5	1	15	10	

（续）

调查地点	引种时间（年）	地形	海拔（m）	土壤类型	极端最高温度（℃）	极端最低温度（℃）	年均气温（℃）	年均降水量（mm）	树龄（a）	平均胸径（cm）	平均树高（m）	25a以下年平均高生长量（cm）	备注
泰安林校树木园	1959	山麓丘陵	280	淋溶褐土	40.7	-22.4	12.8	7469	17	6.5	3.8	22	枝叶枯黄
山东费县蒙山	1962	山地	900	山地棕壤					14	8.2	4.9	29	
河南确山林场	1975	丘陵	200	淋溶褐土	37.6	-14.3	14.9	900	4	3	3.45	86.2	夏季经常灌溉
河南确山林场	1975	丘陵	200	淋溶褐土	37.6	-14.3	14.9	900	4	1	1.25	43.4	不灌溉
山东日照县苗圃	1971	平原		棕壤	37.5	-14.5	12.5	947.5	6	3.6		50	
河南鸡公山气象站	1959	山地	710	黄棕壤	37.4	-16.4	12.1	1348	20	17	1.5	59.3	
江苏植物研究所	1955	岗地	60	黄棕壤	40.9	-17	15.4	991	21	20	5.6	40.9	
庐山植物园	1923	山地	1000	山地黄棕壤	32	-16.8	11.1	1929	53	56	1.6		
河北恩施泰山庙	1955	山地	1900	山地黄棕壤				1800	25	14	12.8	51.2	
贵阳贵州省林科院	1975	高原	1100	山地黄壤	35.4	-7.8	15.0	1128	5	5	4	80	
湖南省衡山	1942	山地	600	山地黄壤			11.2	2430	34	24	1.8		
安徽黄山树木园	1960	山地	430	山地黄壤					16	25	12.5	76.8	
浙江云和草鱼塘	1966	山地	1150	山地黄棕壤	32	-11.5	12.8	2214	10	10.6	7.5	71.5	
福建霞浦杨梅岭	1963	山地	700	山地黄壤			18	1500	13	12.7	90	69.2	
广西玉林六万大山	1958	山地	500	红壤			21.5	1542	20		111	55.5	
上海市植物园	1958	平原	4	冲积土	38.2	-9.1	15.7	1100	18	12.3	8.0	44.4	
江西分宜芳山林场	1974	丘陵	50	红壤	40	-9	18	1500	4		1.35	33.7	
江西赣州供电局	1958	丘陵	80	红壤	38.5	-5	19	1600	19	19	9.1	47	小气候优越叶色正常

（续）

调查地点	引种时间（年）	地形	海拔（m）	土壤类型	极端最高温度（℃）	极端最低温度（℃）	年均气温（℃）	年均降水量（mm）	树龄（a）	平均胸径（cm）	平均树高（m）	25a以下年平均高生长量（cm）	备注
广西桂林黑山苗圃	1958	丘陵	160	红壤			18.7	1847	23	14	5.0	24.3	
杭州植物园	1960	平原	20	黄壤	40	-12	16.3	1554	16	22	9.5	59.3	小气候优越有冻害
云南昭通永善县莲峰林场	1978	高原	2000~2300	山地黄壤					2	0.4	20		

在江西武夷山、湖北恩施、陕西咸丰的日本柳杉树高、胸径、材积生长等指标明显优于杉木、华山松（表1-14）（咸丰县坪坝营林场，1978）。

表1-14　柳杉、杉木和华山松生长比较

地点	树种	树龄（a）	树高（m）	胸径（cm）	材积（m³）	年生长量					
						树高（m）	增幅（%）	胸径（cm）	增幅（%）	材积（m³）	增幅（%）
江西武夷山（海拔1100m）	柳杉	65	23.8	43.70	1.52333	0.36	128	0.67	152	0.02343	276
	杉木	62	17.3	27.40	0.52473	0.28	100	0.44	100	0.00846	100
恩施太山庙（海拔1850m）	柳杉	19	14.00	13.30	0.10409	0.73	182	0.70	152	0.00542	363
	杉木	19	7.64	8.90	0.02829	0.40	100	0.46	100	0.00149	100
咸丰坪坝营（海拔1200m）	柳杉	11	8.60	12.40	0.5752	0.78	137	1.12	126	0.00522	208
	杉木	11	6.28	9.80	0.02750	0.57	100	0.89	100	0.00250	100
	华山松	12	5.10	9.20	0.01838	0.42	64	0.76	84	0.00153	60

在陕西勉县，日本柳杉年均高生长、材积生长指标优于杉木和马尾松（表1-15）（张明新，1981）。

表1-15　柳杉、杉木、马尾松生长比较

树种	树龄（a）	地形地势	坡度	坡向	树高（m）	年平均高生长（m）	胸径（cm）	单株材积（m³带皮）	年平均材积生长（m³）
柳杉	10	山脚下	5~10°	东	9.98	0.99	7.3	0.0205	0.00205
杉木	15	山脚下	5~10°	东	4.94	0.33	7.2	0.0108	0.00072
马尾松	12	山坡中下部	20~25°	东	5.37	0.44	7.3	0.0121	0.00101

主要参考文献

坂口勝美，1973. 台湾省スギ林の考察[J]. 林業技術(5)：11-14.

范前炎，1982. 日本柳杉引种及栽培技术的研究[J]. 湖北林业科技(01)：23-30.

范前炎，1987. 日本柳杉引种推广及其效益的分析[J]. 湖北林业科技(01)：24-25.

居翔汉，徐正法，1986. 日本柳杉、日本扁柏生长情况的调查研究[J]. 林业科技通讯(12)：18-21.

铃木清，1987. 大雄山寺有林和复层林施业-蓄积居日本首位的柳杉人工林[J]. 华东森林经理(2)：47-49.

龙秀琴，胡勇，2005. 日本柳杉经营技术——赴日本培训学习报告[J]. 贵州林业科技，33(1)：41-42.

潘志刚，游应天，1994. 中国主要外来树种引种栽培[M]. 北京：北京科学技术出版社：183-185.

塘隆男，藤田桂治，柴锡周，1981. 日本柳杉成林的肥培效果[J]. 浙江林业科技(04)：185-186.

王江，刘军，黄永强，等，2007. 柳杉起源及天然分布[J]. 四川林业科技，28(4)：92-94.

咸丰县坪坝营林场 柳杉引种栽培初报[J]. 湖北林业科技，1978(02)：22-27.

杨建国，1980. 日本柳杉在我国的地理分布和环境的研究[J]. 江西林业科技(02)：11-14.

杨建国，1984. 日本柳杉引种驯化的调查研究初报[J]. 武汉植物学研究，2(2)：293-297.

张明新，1981. 柳杉引种栽培情况调查[J]. 陕西林业科技(05)：10-12.

赵祥秀，李昕，梁勇，2014. 不同岩性土壤的日本柳杉幼树生长情况初报[J]. 农技服务，31(6)：165.

OHBA K.，1993. Clonal Forestry with Sugi(*Cryptomeria japonica*) Clonal Forestry ll. Berlin，Heidelberg：Springer：66-90.

LIN Wan-Rou，WANG Pi-Han，CHEN Ming-chieh，et al.，2015. The impacts of thinning on the fruiting of saprophytic fungi in *Cryptomeria japonica* plantations in central Taiwan[J]. Forest Ecology and Management (336)：183-193.

MATSUO Tsukada，1982. *Cryptomeria Japonica*：glacial refugia and late-glacial and postglacial migration [J]. Ecology，63(4)：1091-1105.

TAIRA H，TSUMURA Y，TOMARU Y，et al.，1997. Regeneration system and genetic diversity of *Cryptomeria* japonica growing at different altitudes[J]. Canadian Journal of Forest Research，27(4)：447-452.

第二章　日本柳杉林生长特征

庐山是中国大陆最早引种日本柳杉的地区，从20世纪20年代到80年代初持续造林，现存面积超过280hm²，其生长状况如何？本章通过日本柳杉小班数据的统计分析，阐明日本柳杉林生长状况以及不同立地、土壤状况下的差异；通过树木年轮学方法及树轮稳定碳（$\delta^{13}C$）同位素揭示日本柳杉在庐山的生长规律、水分利用及其对环境的响应。

2.1　日本柳杉林分生长特征

2.1.1　不同林龄日本柳杉林生长状况

从2009年小班数据统计结果可知，庐山林龄35~75a（平均林龄51a）的日本柳杉林平均胸径22.47cm，平均树高16.65m，平均蓄积量253.16m³/hm²。其中，不同林龄、不同土壤类型、不同地形因子条件下的平均胸径、平均树高、林分蓄积量状况见表2-1。

表2-1　不同林龄日本柳杉林生长状况

林龄	平均胸径（cm）	平均树高（m）	平均积蓄量（m³/hm²）
40a 以下	19.45±1.08	11.93±0.52	243.87±19.85
40~50a	22.75±0.64	14.09±0.52	227.93±18.47
50~60a	27.20±1.11	17.45±0.84	309.81±31.06
60~70a	28.76±1.08	20.51±0.60	362.62±26.68
70a 以上	29.9±3.11	17.00±1.41	300.17±33.71

2.1.2　不同立地日本柳杉林生长差异

在海拔梯度上，低、中、高海拔的平均胸径分别为25.49、24.61、22.63cm，不同海拔之间无显著性差异；低、中、高海拔的平均树高分别为13.40、16.54、13.48m，表现为中海拔（800~1200m）显著高于低（<800m）、高（>1200m）海拔（$P<0.05$）；平均每公顷蓄积量低、中、高海拔分别为149.41、306.10、207.08m³/hm²，也表现为中海拔极显著高于低、高海拔（$P<0.01$）。

日本柳杉林平均胸径在不同坡位间差异不显著，但平均树高、平均单位面积蓄积量表现为随坡位的降低而增大，下坡位（平均树高17.35m，单位蓄积量332.72m³/hm²）、平谷地带（平均树高16.56m，单位蓄积量296.71m³/hm²）显著高于上坡位（平均树高12.72m，单位蓄积量193.63m³/hm²）（$P<0.05$），表明土壤养分在上坡位易受到雨水冲刷，下坡位堆积更充足的养分供日本柳杉生长。

同样，受到水热条件的制约，日本柳杉的平均蓄积量在朝南（312.10m³/hm²）的坡向显著大于朝北（224.67m³/hm²）坡向（$P<0.05$），这是由于南坡光照、雨水充足，为日本柳杉提供充足的水热资源。在不同的坡度上，坡度对日本柳杉的生长并不存在显著的影响

（$P > 0.05$）；平缓（0°～15°）、斜（16°～25°）、陡急（25°～45°）的平均胸径分别为 26.23、23.51、24.66cm，平均树高分别为 17.13、14.75、15.94m，单位蓄积量分别为 295.38、260.74、265.45m³/hm²；三个生长指标的最大值均出现在坡度平缓（0°～15°）的地带（表 2-2，图 2-1）。

表 2-2 日本柳杉在各地形因子的生长特征

	海拔			坡位				坡向		坡度		
	低 (<800m)	中(800~ 1200m)	高 (>1200m)	上	中	下	平、谷	朝南	朝北	平、缓 (0°~15°)	斜(16°~ 25°)	陡、急 (25°~45°)
平均 胸径 (cm)	25.49± 2.04	24.61± 0.68	22.63± 1.59	21.96± 1.08	24.62± 0.87	25.85± 1.32	26.10± 2.42	24.09± 0.83	24.70± 0.84	26.23± 1.16	23.51± 0.91	24.66± 1.08
平均 树高 (m)	13.40± 1.61b	16.54± 0.50a	13.48± 1.08b	12.72± 0.85b	15.95± 0.70a	17.35± 0.96a	16.56± 0.92a	16.39± 0.79	15.23± 0.61	17.13± 0.68	14.75± 0.82	15.94± 0.79
平均 蓄积 (m³/ hm²)	149.41± 24.08B	306.10± 14.85A	207.08± 26.50B	193.63 ±23.40b	267.70 ±22.48ab	332.72 ±18.48a	296.71± 20.58a	312.10± 23.59a	244.67± 16.40b	295.38± 16.73	260.74± 23.39	265.45± 25.28

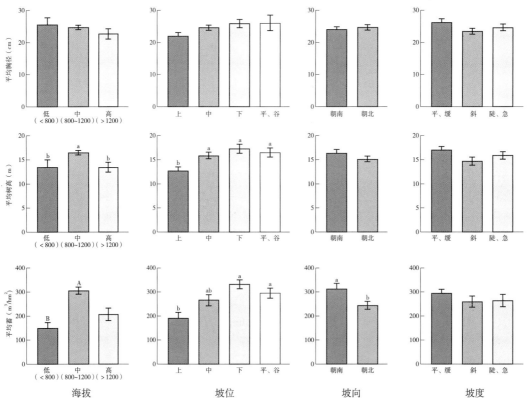

图 2-1 日本柳杉在不同立地的生长特征差异

注：大写字母代表极显著差异（$P < 0.01$），小写字母代表显著差异（$P < 0.05$）。

2.1.3 不同土壤状况林分生长差异

与地形因子相比,日本柳杉的生长更容易受到土壤条件的制约,成土母岩、土壤类型均对日本柳杉的生长特征指标造成显著影响(表2-3)。

在不同的成土母岩中,发育于页岩土壤的日本柳杉林平均胸径(29.10cm)最大,花岗岩的平均胸径(22.96cm)最小($P<0.05$);在花岗岩、页岩、其他母岩的平均树高分别为11.27、18.23、16.12m,表现为页岩、其他母岩的显著大于花岗岩的($P<0.05$);单位蓄积量也呈现类似规律,花岗岩、页岩、其他母岩的单位蓄积量分别为1138.41、188.61、292.57m^3/hm^2,其他母岩的单位蓄积量极显著高于花岗岩($P<0.01$)。

日本柳杉林生长特征(平均胸径、平均树高、平均蓄积量)在土壤类型上总体表现为黄壤立地显著低于红壤或黄棕壤的立地($P<0.05$)。红壤上的平均胸径(29.10cm)显著高于黄壤(22.96cm)($P<0.05$),黄棕壤上的平均胸径(24.41cm)则处于二者之间;平均树高在红壤、黄壤、黄棕壤上分别为18.23、11.27、16.12m,红壤、黄棕壤上的平均树高极显著高于黄壤($P<0.01$);日本柳杉的单位蓄积量则也表现类似的规律,黄棕壤上的单位蓄积量(292.58m^3/hm^2)极显著高于黄壤(138.41m^3/hm^2),红壤上的单位蓄积量(188.61m^3/hm^2)则处于二者之间(表2-3,图2-2)。

表2-3　日本柳杉在不同土壤条件下的生长特征

	成土母岩			土壤类型		
	花岗岩	页岩	其他	红壤	黄壤	黄棕壤
平均胸径(cm)	22.96±1.60b	29.10±5.03a	24.41±0.63ab	29.10±5.03a	22.96±1.60b	24.41±0.63ab
平均树高(m)	11.27±0.85B	18.23±3.04A	16.12±0.48A	18.23±3.04A	11.27±0.85B	16.12±0.48A
平均蓄积 (m^3/hm^2)	138.41±24.54B	188.61±51.23AB	292.57±14.15A	188.61±51.21AB	138.41±24.53B	292.58±14.15A

2.2　日本柳杉径向生长规律

树木年轮是研究树木生长地多种气候环境条件以及生态系统适应其变化的宝贵自然档案。树木年轮资料因具有年度时间分辨率高、定年准确、树木寿命长以及森林植被在全球分布广等特点而成为获取过去气候变化信息的重要手段之一。年轮的形成是树木形成层活动的结果,它的生长与温度、降水、日照时数等气候条件密切相关,从树木年轮的宽窄变化中,我们可以了解到树木历年的生长状况以及树木生长对气候变化和立地条件的响应规律,进而推测未来气候变化及其对生态系统资源的影响。树木的生长受到自身遗传特性、环境气候因子的多重因素影响,通过树木年轮宽度、密度以及稳定同位素比率等能够记录下当年有利或不利于树木生长的气候因素。因此,从树木年轮参数中,可以推测树木所在地过去气候变化特征和规律。由于亚热带暖湿地区因气候生长环境条件较好,树木生长对气候变化响应较为复杂,故树轮气候学的研究报道相对较少。日本柳杉(*Cryptomoria japonica*)

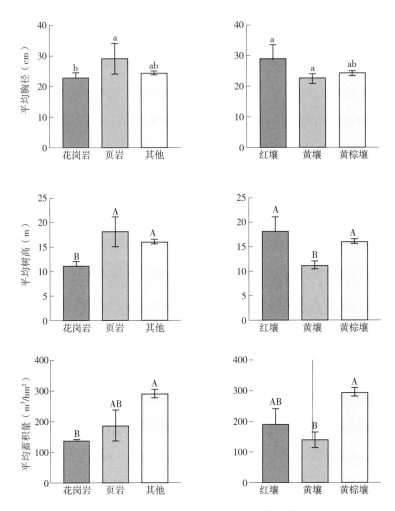

图 2-2 日本柳杉在不同土壤条件下的生长特征

原产日本，20 世纪初，江西庐山首先从日本引种成功，是庐山人工更新造林面积最多的树种，是庐山重要的森林植被类型，80% 以上的柳杉人工林树龄达 60~80a，最大树龄近百年。日本柳杉树轮宽度、树轮稳定碳、氮同位素在研究树木生长对气候变化响应特征、树木生长和内在水分利用效率关系等方面具有独特的优势和潜力。本研究利用树木年代学方法，选取江西庐山国家级自然保护区 3 个不同海拔（850m、1050m、1250m）日本柳杉样地的树芯为研究材料。通过测定其树轮宽度、稳定碳同位素 $\delta^{13}C$ 和稳定氮同位素 $\delta^{15}N$ 并建立日本柳杉标准年表（STD），计算水分利用效率（water use efficiency，WUE），探讨在全球气候变暖、大气 CO_2 浓度倍增和氮沉降加剧背景下日本柳杉的生长规律及其影响因素，为研究亚热带暖湿气候变化条件下对日本柳杉生长与分布产生的影响提供理论依据，进而为庐山自然保护区乃至整个亚热带地区森林对气候变化响应以及应对气候变化的森林可持续经营提供技术支撑。

2.2.1　不同海拔树轮生长规律

（1）日本柳杉样本采集与处理

本研究参考树木年轮学的6个基本原理，即均一性原理、限制因子定律、生态环境选择原理、敏感性原理、交叉定年原理和复本原理进行了野外的实验取样和室内分析。

于2019年3月在庐山国家级自然保护区低海拔（LSA）、中海拔（LSB）、高海拔（LSC）3个不同海拔高度样点采集树轮样本（LSA＝850m、LSB＝1050m、LSC＝1250m），选取的样点为日本柳杉生态环境良好，离环山道路一定的距离，并受人为干扰较少的区域，3个取样点的基本信息见表2-4所示。在野外用内径5.15mm的生长锥在胸高处沿十字交叉方向处钻取2~3根树芯，为防止树芯相互挤压，用吸管包裹并作上标记（图2-3）。树芯带回实验室后自然风干两周，并用凹木槽固定，分别用120、400、800、2000目不同粗细的砂纸打磨，直至木材横切面年轮清晰可见。

表2-4　庐山3个不同海拔树轮采样点信息

样点	海拔（m）	经度（E）	纬度（N）	样芯/数量	平均胸径（cm）	平均树高（m）
LSA	850	115°55′45″	29°32′22″	43/23	33.2	17.6
LSB	1050	115°57′49″	29°32′51″	46/23	35.5	19.2
LSC	1250	115°57′12″	29°32′16″	45/23	32.7	18.3

图2-3　日本柳杉树芯取样及预处理

（2）日本柳杉树轮交叉定年与轮宽测定

预处理准备工作完成之后，利用分辨率为6400×9600dpi的EPSON V700扫描仪和测量精度为0.001mm的WinDENDRO年轮分析系统（何海，2005）进行年轮扫描和精准定年。将定年后的轮宽数据在COFECHA程序（Holmes，1983；Grissino-Mayer，2001）下进行质量检验（考虑到在钻取样本树芯时并不能全部取到髓芯，故在数据分析中剔除靠近髓芯处最近一年的年轮宽度数据），对交叉定年检验时出现的问题段及相关系数较低的年份重新返回年轮分析系统进行多次修改与调整，最大限度减少人为误差，保证定年和年轮宽度测量准确性。利用 ARSTAN 程序(Cook，1985；赵守栋等，2015)采用负指数进行去趋势处理和双权重平均法进行年轮曲线的标准化，其目的是去除树木生长与自身年龄相关的生长趋势及林木间干扰竞争引起的非一致性波动等(白雪等，2018)。最终建立 3 个不同海拔日本柳杉标准年表(STD)，即日本柳杉年轮宽度指数序列(ring width index)(图 2-4)。

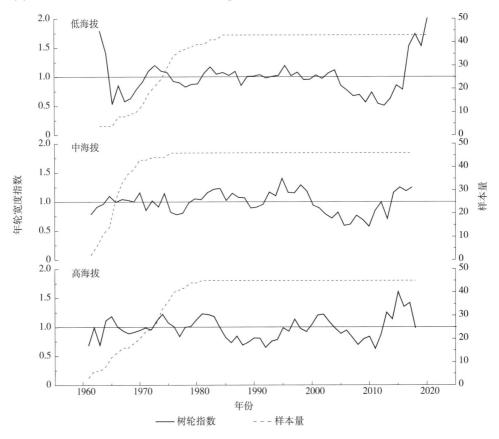

图 2-4 庐山 3 个不同海拔日本柳杉树轮宽度标准年表

对庐山 3 个不同海拔日本柳杉连年生长量进行统计分析。从庐山 3 个不同海拔日本柳杉连年生长量变化(表 2-5，图 2-5)可以看出，不同海拔日本柳杉连年生长量表现出相对一致的变化趋势。低海拔(850m)处日本柳杉在 1965—1983 年间年生长量呈现逐年递增的趋势，1983 年达到最大连年生长量为 5.814mm，1983—2011 年间日本柳杉连年生长量呈现逐年递减的趋势，2011 年连年生长量最低，为 0.753mm；中海拔(1050m)处日本柳杉在 1966—1974 年间年生长量呈现逐年递增的趋势，1971 年达到最大连年生长量为 7.016mm，1974—2011 年间日本柳杉连年生长量呈现逐年递减的趋势，2011 年连年生长量最低，为 1.164mm；高海拔(1050m)处日本柳杉在 1961—1973 年间年生长量呈现逐年递增的趋势，1973 年达到最大连年生长量为 5.701mm，1973—2011 年间日本柳杉连年生长量呈现逐年递减的趋势，2011 年连年生长量最低，为 1.145mm。三个不同海拔日本柳杉连年生长量在 2011—2018 年均开始有所增加。日本柳杉年均径向生长反映了日本柳杉成材的快慢，中海拔处日本柳杉的生长速率为 3.300mm/a，明显高于低、高海拔处日本柳杉的生长速率

（低海拔为 3.043mm/a，高海拔为 2.951mm/a），中海拔处的生长环境更适于日本柳杉树木的径向生长。随着海拔的升高，年轮平均宽度呈先增大后减小的趋势。这一方面由于自身海拔造成的环境异质性，从而极大地影响日本柳杉的生长及生理生态特性。在庐山低海拔（850m）采样点的日本柳杉林分较高海拔区域密集，郁闭度高，林木之间对水分、光照的竞争较大，进而在一定程度抑制了树木生长；温度的差异也会对树木生长有很大的影响，相比于中（1050m）、低（850m）海拔区域，高海拔（1250m）区域温度相对较低，树木的各种生理活性更易受到影响，水分的吸收和养分的合成相对较慢。此外，高海拔处较低的温度会影响到树木形成层的细胞分裂、分化活动，进而缩短树木适宜的生长季长度（Rossi et al.，2006；Yang et al.，2017）。

表 2-5　庐山 3 个不同海拔日本柳杉生长特征统计

样点	海拔（m）	平均胸径（cm）	平均树高（m）	胸径年平均生长量（mm）	郁闭度
LSA	850	33.2	17.6	3.043	0.7
LSB	1050	35.5	19.2	3.300	0.6
LSC	1250	32.7	18.3	2.951	0.6

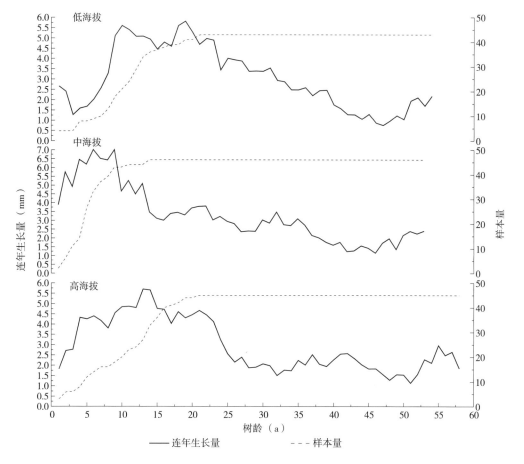

图 2-5　庐山 3 个不同海拔日本柳杉连年生长量变化

2.2.2 树轮早晚材的分配特征

选取海拔为1050m，林分密度为780株/hm²，郁闭度为0.6，平均树高为22.8m，平均胸径为35.5cm，坡度为21.2°条件下的日本柳杉树轮样芯为样本材料。树木年轮宽度原始序列利用 ARSTAN 程序的负指数函数和步长为序列2/3的样条函数进行去趋势处理（Cook，1985），最终以双权重平均法建立了日本柳杉早材、晚材以及全轮宽度标准年表（STD），并计算早材（EW）、晚材（LW）和全轮（RW）指数序列的各项统计指标。

从表2-6中可以看出，早材宽度年表的各项统计参数与全轮年轮宽度的基本相一致，且早材宽度年表的各个参数均高于晚材的，早材年宽度表中较高的标准差和平均敏感度表明早材对气候变化更加敏感，含有的气候信息更多；3个宽度年表的一阶自相关系数分别为0.608、0.507和0.709，较高的一阶自相关系数表明上一年气候因子对树木生长的滞后效应尤为显著。早材年宽度表中的信噪比为25.781，明显高于晚材。样本总体代表性均达到了一个较高的值，分别为0.971、0.950、0.961，能较好地代表该地区的总体特征。

表2-6 早材（EW）、晚材（LW）和全轮（RW）宽度标准年表统计特征

统计特征	早材	晚材	全轮
样本量（树）	83/46	83/46	83/46
年表长度	1965—2018 年	1965—2018 年	1965—2018 年
均值	0.979	0.958	0.984
标准差	0.194	0.165	0.182
平均敏感度	0.143	0.138	0.114
一阶自相关系数	0.608	0.507	0.709
树间平均相关系数	0.237	0.162	0.230
信噪比	25.781	16.045	24.792
样本总体代表性	0.971	0.950	0.961

使用 Matlab 2016 中的小波滤波器对早材、晚材、全轮宽度年表进行高低频信息分解，分别在全频域、高频域、低频域做相关分析（表2-7）。各个频域中全轮宽度、早材宽度、晚材宽度之间呈显著正相关关系，低频域变化上明显高于高频域。此外，全轮宽度与早材宽度之间在全频域、高频域和低频域的相关系数要明显高于两者与晚材宽度的相关系数。这表明，与晚材宽度数据相比，研究区样木全轮和早材宽度数据所包含的气候信息可能更为相似，本研究只做早材、晚材年轮指数序列与气温、降水量等气候因子的相关性分析。

表2-7 3种年轮宽度年表在全频域、高频域、低频域的相关关系

	全频域			高频域			低频域		
	全轮	早材	晚材	全轮	早材	晚材	全轮	早材	晚材
全轮	1	0.978 **	0.685 **	1	0.946 **	0.469 **	1	0.983 **	0.736 **
早材		1	0.629 **		1	0.243 *		1	0.717 **
晚材			1			1			1

注：** 表示 $P<0.01$；* 表示 $P<0.05$。

2.3 日本柳杉径向生长对环境的响应

2.3.1 气象数据来源与分析

本研究选取距离采样点较近的庐山气象局的气象资料，主要统计与分析 1966—2018 年月份气候变化上的月最高温度、月平均气温、月最低温度、月日照时数、月均相对湿度和月降水量；1966—2018 年年份与季节的气温、降水量变化。

从最终统计的庐山月份气象数据（图 2-6）可以看出：7、8 月温度最高且日照时间最长，最高温度和最低温度差值较大，当年 10～12 月与上一年 1～2 月降水和相对湿度较小，相对空气湿度与月降水具有一定的同步性。采用线性回归方法分析了 1966—2018 年的温度和降水的年、月变化规律（图 2-7），在温度的年变化中，总体呈现出随着年份的增加而显著升高的趋势（$P<0.0001$），在线性回归方程中，斜率表示年气温变化量，为 0.269℃/10a，降水的年变化总体呈现出下降的趋势，年际波动比较大，每 10 年降低 26.36mm，1999 年降水量达到历年最大值，约为 2735.1mm，2018 年降水量最低，约为 957.4mm。

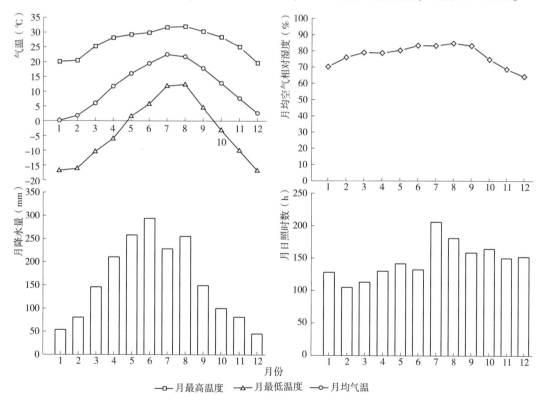

图 2-6 庐山气象站 1966—2018 年月气象要素分布特征

冬季（12 至翌年 2 月）月均气温的变化在 2 月份达到显著水平（$P<0.05$），且月均气温的上升为 0.58℃/10a；春季（3～5 月）月均气温的变化均达到显著水平，3～5 月均气温上升分别为 0.39℃/10a、0.40℃/10a 和 0.32℃/10a；夏季（6～8 月）除 8 月月均气温没达到显著水平

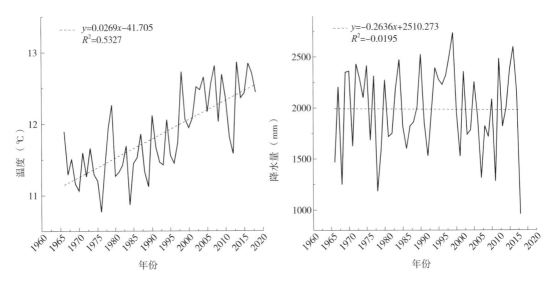

图 2-7 1966—2018 年温度(左)和降水量(右)的年变化

外,其余月份变化均达到显著水平,6、7 月月均气温上升为 0.2℃/10a 和 0.17℃/10a;秋季月均气温的变化均达到显著水平($P<0.05$),其中,11 月月均气温上升最为明显,为每 10a 上升 0.45℃。月降水量变化仅在冬季的 1~2 月达到显著水平,其中 1 月降水量的上升最为明显,为每 10a 上升 13.04mm。

一年中,月均气温变化在 2 月份达到最大,每 10 年温度上升 0.58℃;月降水量变化在 8 月达到最大,每 10 年降水量增加 21.88mm,见表 2-8。

表 2-8 1966—2018 年研究区温度、降水量的月变化规律

月份		月均气温				月降水量			
		N	R^2	显著性水平	坡度(°)	N	R^2	显著性水平	坡度(°)
冬季	12 月	50	0.005	0.631	0.008	50	0.013	0.442	0.329
	1 月	50	0.002	0.755	0.006	50	0.177	0.003	1.304
	2 月	50	0.114	0.018	0.058	50	0.101	0.026	1.064
春季	3 月	50	0.101	0.026	0.039	50	0.047	0.134	0.918
	4 月	50	0.198	0.001	0.040	50	0.018	0.359	−0.802
	5 月	50	0.177	0.003	0.032	50	0.015	0.405	−0.820
夏季	6 月	50	0.111	0.019	0.020	50	0.0014	0.935	−0.104
	7 月	50	0.081	0.047	0.017	50	0.003	0.687	0.520
	8 月	50	0.011	0.472	−0.007	50	0.023	0.297	2.188
秋季	9 月	50	0.106	0.022	0.025	50	0.001	0.854	−0.268
	10 月	50	0.143	0.007	0.028	50	0.007	0.567	−0.416
	11 月	50	0.155	0.005	0.045	50	0.001	0.822	0.132

2.3.2　不同海拔日本柳杉径向生长对气象因子的响应

庐山不同海拔日本柳杉年轮宽度年表与气候因子的相关性分析(表2-9，图2-8)及其多元回归模型解释表明，温度和相对湿度是影响日本柳杉径向生长的主要气候因素，在生长季前期降水量和日照时数对日本柳杉径向生长均具有一定的促进作用。庐山冬季平均气温为0℃左右，最低温度达到−16.8℃，各个海拔冬季平均气温对树木径向生长表现为正相关关系，低(850 m)、高(1250m)海拔地区日本柳杉树年轮宽度与1月月均气温呈显著正相关关系(图2-8)。有研究表明，同高纬度高海拔地区的树种不同，亚热带地区树种在冬季并未完全休眠(Chen et al.，2015)，呼吸作用是该时期树木主要的生理活动，温暖的冬天可以减少前一个生长季节储存的碳水化合物的流失，更有利于下一年树木的生长(Cullen et al.，2001)。相反，冬季气温如果超出树木所承受的最低温度，会对树体的植物组织与细胞产生损伤，进而抑制树木的生长。

表2-9　不同海拔日本柳杉树轮宽度与季节气候变化的相关性

样点	气候因子	冬季(12至翌年2月)	春季(3~5月)	夏季(6~8月)	秋季(9~11月)
低海拔	平均气温	0.1534	−0.2260	−0.330 *	−0.1983
	相对湿度	0.0301	0.378 * *	0.0283	−0.0781
	降水	0.1415	0.2368	−0.0148	−0.0138
	日照时数	0.0680	−0.371 * *	−0.0210	0.01790
中海拔	平均气温	0.0103	−0.2226	−0.359 *	−0.309 *
	相对湿度	0.1033	0.357 *	0.1578	0.1257
	降水	0.0728	0.2309	0.0849	−0.0020
	日照时数	0.0840	−0.1601	0.0044	−0.0228
高海拔	平均气温	0.0543	0.1636	−0.0298	−0.0299
	相对湿度	0.1304	0.1520	0.0601	0.1102
	降水	0.0334	0.2317	0.0319	0.0281
	日照时数	−0.0569	−0.1735	−0.0077	0.0028

注：* 表示 $P<0.05$，* * 表示 $P<0.01$。

随着春季的到来，日本柳杉树木形成层细胞不断进行分裂、分化活动，即开始早材的形成。在庐山当地春季气温开始回升、太阳辐射强的气候条件下，树木失水较多，气孔部分关闭引起光合作用能力下降，在生理上起到生长抑制作用(李广起等，2011)。3个不同海拔日本柳杉树轮宽度均与当年4月份空气相对湿度呈现较高的正相关关系，且低海拔达到显著正相关水平，空气相对湿度的增加可以缓解该时期因降水量不足而引起土壤干旱作用的限制，有利于树木体内储存更多的水分来满足生长的需求。该时期降水量的增加有利于缓解树木生长缺水现象。秦进等(2017)研究表明，2~5月降水量的增加对秦岭巴山冷杉径向生长具有促进作用。

在夏、秋季的各个气候因子中，各个海拔日本柳杉生长主要受月均气温限制，低海拔的与上年7~9月和当年7月均气温显著负相关，中海拔的(1050 m)与上年7月和当年7月均气温显著负相关，高海拔的与月均气温相关性不显著，随着海拔的降低，月均气温对日本柳杉径向生长抑制作用呈现增强的趋势(图2-8)。海拔梯度的存在会引起林地气温的差异性，随着海拔的升高，日本柳杉林地气温降低，故在中、低海拔高温的限制作用比高海拔更显著。温度升高会导致土壤水分的流失以及植物体的蒸腾作用加速，土壤含水量降低，降水量不能满足树木蒸腾作用的需求，树木只能动用体内储存的水，从而抑制树木的生长，故多表现出与年轮宽度负相关。

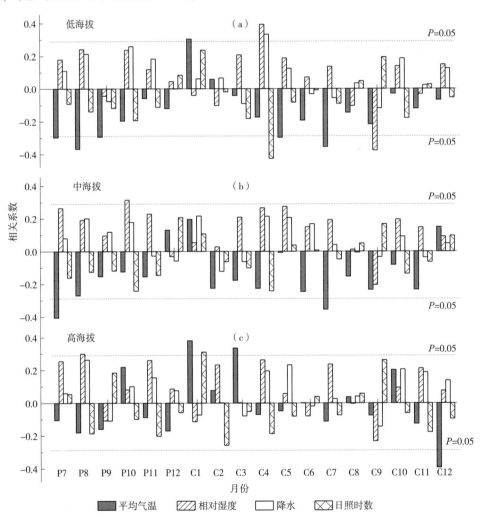

图2-8　不同海拔庐山日本柳杉年表与月气候变化的相关性(P为上年月份，C为当年月份)

日本柳杉是一种中性喜光耐阴树种，不同海拔日本柳杉的年轮宽度均与1月日照时数呈较高的正相关关系，其中，高海拔地区日本柳杉与1月日照时数显著正相关(图2-8)，因为庐山冬季天气寒冷，常有雾凇出现，且有冰雪封山的现象(张金泉，1997)，故生长季前期适宜的气温和充足的日照有利于树木通过光合作用积累更多的碳同化产物(Gou et al.，2007)。低海拔的与当年4月日照时数显著负相关，却与降水和相对湿度较高的有正相关关系，侯爱敏等(2003)关于鼎湖山降水和相对湿度对马尾松径向生长的不同响应的研究表明,树木生长状况的好坏实际上取决于多种气候因子的综合作用,而并不仅仅局限于单个气候因子,当某一个或多个因子起到决定性作用时,它的动态变化会直接决定着当年树木形成宽轮或是窄轮。

2.3.3 日本柳杉早、晚材径向生长对气象因子的响应

(1)温度和降水的年、月变化

1966—2015年庐山地区的年均气温、年降水量都有不同程度的升高(图2-9)。相对于年降水量的变化,年平均气温的变化较为明显,年平均气温呈现出每10a约升高0.194℃的显著上升趋势;从月平均气温的变化来看,除8月份月平均气温有小幅度的下降外,其他所有月份温度均出现不同程度的上升趋势,然而4~6月份降水呈现出下降的趋势,这将在一定程度上影响日本柳杉在生长季时期的径向生长。《中国气候变化蓝皮书》[①]显示,中国气候变暖仍在持续,中国地表年平均气温在1951—2017年期间以每10a约0.24℃的波动趋势上升。近期有关气候变化对树木生长动态变化影响的研究结果表明,由于种源和研究区域等因素的不同,气候变暖会促进部分区域树木的生长,也会抑制部分区域树木的生长(Park et al.,2013;Liu et al.,2013;石松林等,2018)。分布于庐山中、高海拔地的日本柳杉树木径向生长在1965—1997年呈现出平缓的上下波动,而1997—2015年间出现明显的下降趋势($P<0.01$),暗示了该区域发生了显著的环境变化。乔晶晶等(2019)基于福建将乐不同坡向马尾松树木年轮气候学研究表明,在未来气候变暖的背景下,温度是限制马尾松径向生长的主要限制因子。

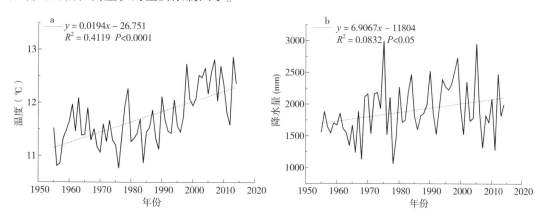

图2-9 1966—2015年温度(a)和降水量(b)的年变化

(2)早材、晚材年轮宽度与气候的关系

庐山地区日本柳杉早材、晚材年轮宽度与温度、降水量的相关关系具有一定的差异,相比于晚材的生长,早材径向生长对气候因子的变化比较敏感,日本柳杉早材年轮宽度除了与当年4、7月温度显著负相关以外,与上一年7、8月月均气温也具有显著的负相关关系。从树木生理学的角度来看,生长在亚热带地区的针叶林树种的轮宽不仅受到当年的,

① 国家气候中心.中国气候变化蓝皮书(2018)[EB/OL].(2018-04-04)[2019-10-28].https：//www.ncc-cma.net/Website/index.php？ChannelID=2&NewsID=10735.

也受上一年的生长季气候因子的影响(董志鹏等,2014;李越等,2016)。后续研究表明,树木早材、晚材的形成同样会受到生长季前期气候因子变化的影响(赵安玖等,2014;González et al.,2003)。树木早材一般开始形成于春季和夏初,树木的生长与此时和上一年冬季的气候变化紧密相关,日本柳杉早材年轮宽度的形成与上一年冬季(上年12月、1月)月均气温具有较高的正相关关系(图2-10)。有研究表明,在亚热带地区许多树种在冬季并未完全休眠,只要树木生长环境条件适宜,树木形成层就能进行各项生命活动,更早地积累碳同化产物,供树木形成早材(Gou et al.,2007)。春季是树木径向生长的快速时期,春季温度开始回升且降雨量增加,满足了日本柳杉进行各项生命活动对适宜的温度和水分的需求,在生长季的4月份却正好相反,温度的升高却不利于树木的生长,而且与4月的降水具有较高的正相关关系($P=0.255$),出现这种现象可能是因为该时期相对于前一月份温度的突然升高(11.8℃),蒸散作用加强,土壤中水分可利用性降低,从而加大对水

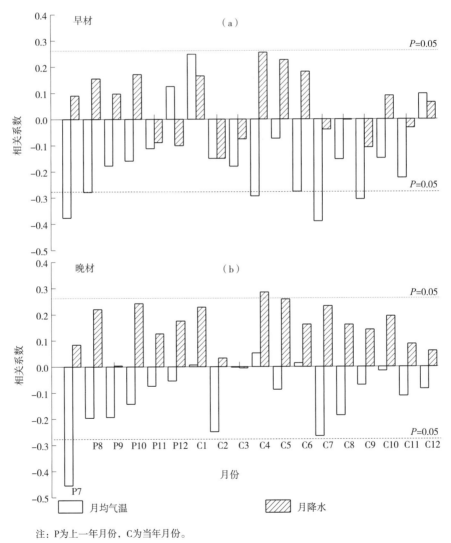

注:P为上一年月份,C为当年月份。

图2-10 早材(EW)、晚材(LW)宽度年表与月均气温、月降水量的相关关系

分的需求量，因而此时较高的降水可以缓解树木生长对水分的需求。夏季(7月)温度的偏高不仅制约着当年早材年轮宽度的形成，甚至还影响到下一个生长季早材的生长，有相关学者通过研究祁连山青海云杉(*Picea crassifolia*)(陈峰等，2012)和帽儿山地区兴安落叶松(*Larix gmelinii*)(郑广宇等，2012)多种年轮宽度对气候变化的响应，得出的结果与本研究结果相一致(图2-10)。

晚材年轮一般生长于夏季末和秋季，日本柳杉晚材主要受上一年7月温度和当年春季(4月)降水的影响，夏季生长期形成层细胞分裂、分化等各项生理活动基本完成，之后树木的生长主要体现在次生细胞壁的加厚上，即晚材的径向生长(程瑞梅等，2015)。如图2-8所示，晚材的生长与该时期的温度、降水等气候因子的相关性并不显著。Gricˇar(2007)和赵安玖(2014)等人研究表明，温度的变化通过影响形成层活动时间的长短、各阶段细胞的活动，进而影响生长季前期早材年轮的形成，而生长季后期晚材年轮的形成与温度的变化并不显著。

(3)早材、晚材的单年分析

在近50年日本柳杉早材、晚材径向生长特殊年份下的温度和降水距平值分析中(图2-11)，温度是影响树木早材、晚材生长的重要气候因子，温度对日本柳杉生长的"滞

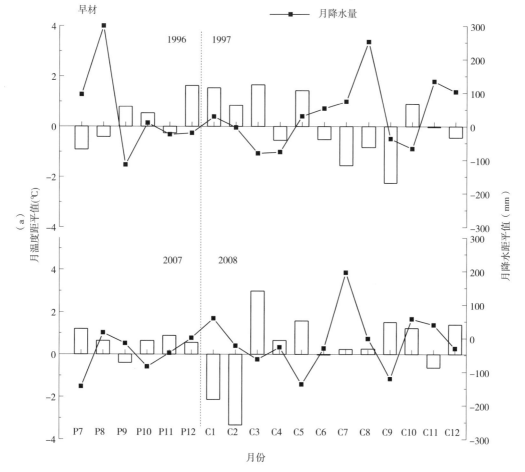

图2-11 早材、晚材极大年轮宽度和极小年轮宽度年份的月温度距平、月降水量距平

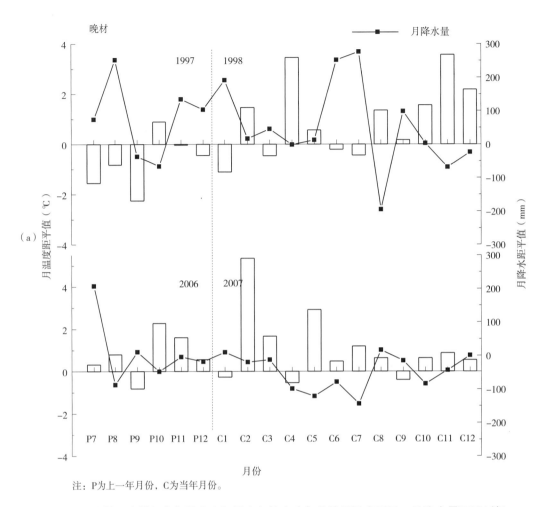

注：P为上一年月份，C为当年月份。

图 2-11　早材、晚材极大年轮宽度和极小年轮宽度年份的月温度距平、月降水量距平（续）

后效应"在早材年轮的形成过程中表现得尤为明显，特别是上个生长季的 7、8 月份温度的变化，此时较高的温度对下个生长季日本柳杉的早材年轮宽度的生长具有较高的负相关关系。上一年夏季(7、8 月)温度距平值为正且距平值越大时，当年树木生长表现为早材年轮宽度明显的窄。夏季是该地区一年中温度最高的时期，温度的升高会增强蒸散作用，降低土壤水分可利用性，同时叶片的气孔会自动关闭，进而减少植物光合作用的周期，早材年轮的生长速率受到制约，大都表现出较窄的早材年轮(Park et al.，2013；Liu et al.，2013)。

庐山冬季天气寒冷，常有雾凇出现，且有冰雪封山的现象(张金泉，1997)。冬季较低的温度会延缓树木形成层恢复的时间，从而相应地减少了树木早材的生长时间，不利于形成层有更多的时间去进行细胞分裂和分化，形成较窄的早材年轮(崔明星等，2008；黄学林等，2012)。庐山地区上一年冬季(1 月)温度的适当升高有利于当年生长季早材年轮的形成。由图 2-6 可知该地区 2 月和 3 月的平均气温分别为 1.8℃和 6.1℃，树木形成层开始进行各项生理活动，进而形成新的韧皮部和木质部，即开始早材的形成。随后的 4~6月的月平均气温在该地区日本柳杉的较适宜生长的温度范围内，因此该时期是树木径向生长的快速时期。在当年生长季前期，月均气温在同期平均温度以上时，形成层细胞分裂与伸长速率加快，形成较宽的早材年轮，在生长季中期月均气温在同期平均气温以下时，会缓解夏季高温对早材年轮形成的制约，有利于日本柳杉的径向生长。

晚材年轮的生长与上一年及当年7月平均气温有显著负相关关系，夏季(7月)温度的升高会抑制晚材年轮的形成，然而在生长季时期4~7月充沛的降水量有利于树木各种生理活动对水分的需求，有利于日本柳杉形成较宽的晚材年轮。

2.3.4 日本柳杉径向生长量对干旱的响应

(1)庐山气候干旱指数SPEI

①干旱指数SPEI统计与分析

根据中国气象数据网提供的庐山自然保护区气象资料，包括1955—2015年共61年每月的平均气温、降水等，根据不同尺度(月、季、半年和年尺度)计算SPEI(用SPEI1、SPEI3、SPEI6、SPEI12表示，图2-12)，分析庐山近61年来的干旱变化特征。分析的时间尺度越短，SPEI对降水的响应也越快，其值在围绕0值变化的频次也越快；随着时间尺度的增长，SPEI正负变化的周期数减少。如图2-12所示，SPEI1沿着0值上下剧烈波动，未呈现出明显的干湿交替现象；而随着时间尺度的增加，SPEI3、SPEI6波动周期增长，能够反映干湿季节变化规律；SPEI12相对集中、稳定，更能反映干旱年变化特征。SPEI连续为负值并且能够达到-1.0时(中旱及以上)表示干旱事件的开始，SPEI变为正值时表示干旱时间的结束，开始到结束的时间跨度即为干旱事件的持续时间。

结果表明，近61年(1955—2015年)，庐山国家级自然保护区月尺度中旱及以上干旱

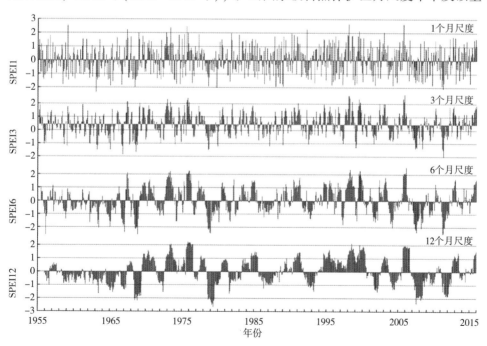

图2-12 庐山SPEI年际变化

事件共有 97 个，平均持续时间为 2 个月，其中重旱和特旱事件共计 33 个；季尺度中旱及以上干旱事件共有 47 个，平均持续时间为 4 个月，其中重旱及特旱事件共计 23 个；半年尺度中旱及以上干旱事件共有 23 个，平均持续时间为 9 个月，其中重旱和特旱事件共计 14 个；年尺度中旱及以上干旱事件共有 14 个，平均持续时间为 14 个月，其中重旱及特旱事件共计 9 个。

②干旱指数 SPEI 周期分析

为了明确庐山干旱的年变化特征，笔者对 SPEI12 进行了 M-K 突变分析和小波周期分析。如图 2-13 所示 M-K 突变分析可以看出，1970—1986 年、1990—1992 年、1994—2010 年 UF 值大于 0，表明在这一时期，庐山国家级自然保护区趋于湿润，其他年份 UF 值都小于 0，都呈现趋于干旱的趋势，在上下 2 条 ±1.96（α=0.05）的置信区间内 1966—2015 年庐山国家级自然保护区 SPEI 的 UF 与 UB 两条曲线在 1968 和 2004 年出现交叉点，但只有 1968 年的交点在置信区间内，这说明 1968 年为干旱和湿润的突变年。1968—2004 年庐山国家级自然保护区有湿润的趋势，而 2004 年以后突变为干旱气候。

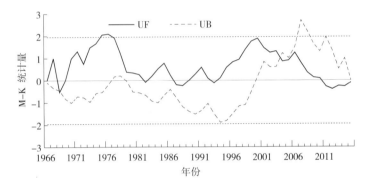

图 2-13 年尺度标准化降水蒸散指数（SPEI12）M-K 突变检验曲线

图 2-12 为干旱指数 SPEI 的小波时间序列等值线图，如图 2-14 所示，在干旱演变过程中存在着 3~8a、9~14a、15~25a、26~32a 的 4 类尺度的周期变化规律，其中 30a 左右为 SPEI 大周期。

（2）庐山气候 SPEI 与日本柳杉树轮宽度指数相关分析

①树轮宽度指数与 SPEI 相关性分析

SPEI 月尺度数据对气候因素较为敏感，长时间尺度干湿变化波动周期长且更加稳定，能够更好地反映干旱的年际变化特点（李翔翔等，2017）。因为树轮宽度指数反映了年尺度上的变化特征，在与 SPEI 不同尺度的相关分析中，其与 SPEI12 相关性最强（SPEI1 为 0.318 *；SPEI3 为 0.276；SPEI6 为 0.302 *；SPEI12 为 0.389 * *），所以笔者采用 SPEI12（下文所提 SPEI 均为 SPEI12）与日本柳杉树轮宽度指数进行进一步的相关分析。

如图 2-15 所示树轮宽度指数与前年 8 月至当年 6 月的 SPEI 都有相关性，且与当年 5 月的 SPEI 相关性最强这说明当年的树木生长受到了前一年秋冬季与当年春夏季水分亏盈的影响，特别是当年 5 月的水分。

②树轮宽度指数与 SPEI 周期分析

小波方差图能反映庐山日本柳杉生长量和干旱时间序列的波动能量中存在的主周期。

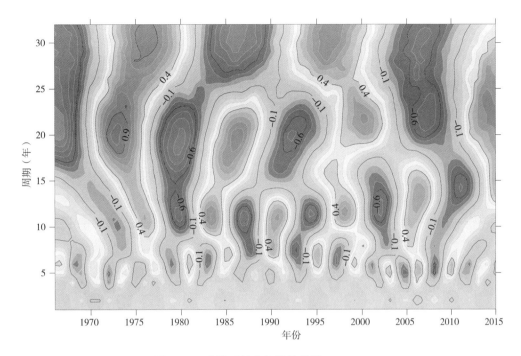

图 2-14　小波系数实部等值线图（SPEI12）

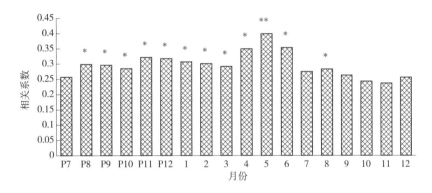

图 2-15　庐山日本柳杉树轮宽度指数与 SPEI12 相关关系

在研究庐山日本柳杉生长量的小波方差图中（图 2-16）有一个相对明显的峰值，就是 30a 的时间尺度，说明 30a 左右的周期震荡最强，为生长量变化的主周期。庐山干旱指数 SPEI12 的小波方差图中（图 2-16）存在 4 个明显的峰值，它们顺次对应着 31a、21a、11a 和 6a 的时间尺度。最大周期为 31a，说明该尺度震荡最强烈，为干旱变化的第一主周期，21a、11a、6a 尺度分别为第二、三、四主周期。

　　根据小波方差检验的结果，绘制出了庐山日本柳杉生长量和干旱演变的第一主周期小波系数图（图 2-17）。如图 2-17 所示，庐山日本柳杉生长量在 30a 特征时间尺度上，生长量变化的平均周期为 20a 左右，大约经历了 2 个丰-欠转换期；干旱在 31a 特征时间尺度上（图 2-17），庐山干旱的平均变化周期为 20a 左右，大约 2 个周期的丰-欠变化。同时可分析出，日本柳杉生长量丰-欠变化相对干旱的变化会推迟 1~2a 左右。

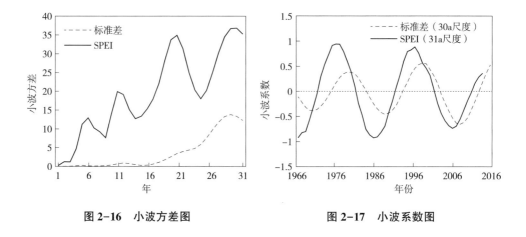

图 2-16　小波方差图　　　　　图 2-17　小波系数图

2.4　日本柳杉水分利用效率的环境效应

2.4.1　日本柳杉树轮 $\delta^{13}C$ 序列特征及校正

（1）日本柳杉树轮稳定碳（$\delta^{13}C$）同位素丰度测定

通过对比精确定年后的日本柳杉样芯，在每个海拔样点选择其中树轮无生长异常、年轮宽度变化趋势较为一致、早晚材年轮界限明显的 6 根树芯用于稳定同位素的丰度 $\delta^{13}C$ 测定（表 2-10）。用不锈钢刀由外而内逐年剥取全木，某些极窄年份的剥取在显微镜的辅助下进行精确切割。将剥取下来的同一海拔样地、相同年份的不同树芯合并在一起，置于 80° 的烘箱中烘干至恒重，枝剪剪碎之后的木材碎屑用高通量组织研磨仪研磨粉碎，过 100 目筛后装于 5ml 离心管中备用。

表 2-10　不同海拔日本柳杉用于碳稳定同位素测定的样芯统计特征

样点	样芯编号	序列长度	年份（a）
低海拔	LSA0501	1977-2018	42
	LSA0601	1969-2018	50
	LSA0801	1965-2018	54
	LSA1001	1968-2018	51
	LSA1302	1971-2018	48
	LSA1701	1973-2018	46
中海拔	LSB0101	1970-2018	49
	LSB0301	1969-2018	50
	LSB0401	1969-2018	50
	LSB1602	1969-2018	50
	LSB1802	1974-2018	45
	LSB2301	1969-2018	50

（续）

样点	样芯编号	序列长度	年份(a)
	LSC0102	1963－2018	56
	LSC0701	1973－2018	46
高海拔	LSC0901	1969－2018	50
	LSC1702	1979－2018	40
	LSC1802	1963－2018	56
	LSC2002	1971－2018	48

将样品粉末置于 V(苯)：V(乙醇)＝2：1 混合溶液中抽提 24h，除去树脂、树蜡及单宁类等有机物(张振等，2019)。用万分之一天平称取 0.2±0.05mg 抽提好的样品包裹于锡杯中，在稳定同位素质谱仪中将样品高温燃烧转换为气体，测得稳定碳同位素的比值，即^{13}C 丰度($\delta^{13}C$)(王文志等，2015)，每测定 10 个样品插入 1 个标样来测定仪器的稳定性(处理的树轮样品在江西农业大学森林培育重点实验室内进行分析测定)。依据国际标准进行校正后，得到日本柳杉稳定碳同位素($\delta^{13}C$)原始序列。

树轮稳定碳同位素丰度：

$$\delta^{13}C(‰) = (R_{sample} - R_{standard})/R_{sample} \times 1000 \qquad 式(2-1)$$

式中：$\delta^{13}C$ 为样品的同位素比值相对于某一国际标准的同位素比值的千分差；R_{sample} 为样品的碳同位素比值；$R_{standard}$ 为国际标准的碳同位素比值。

（2）日本柳杉树轮 $\delta^{13}C$ 序列特征

图 2-18(a 左)为庐山不同海拔日本柳杉树轮长达 50a(1969—2018 年)的 $\delta^{13}C$ 原始序列，日本柳杉 $\delta^{13}C$ 序列值的变化范围为－26.16‰～－22.79‰，平均值为－24.55‰。低海拔(850m)地区日本柳杉树轮的 $\delta^{13}C$ 平均值为－24.47‰，中海拔(1050m)地区日本柳杉树轮的 $\delta^{13}C$ 平均值为－24.66‰，高海拔(1250m)地区日本柳杉树轮的 $\delta^{13}C$ 平均值为－24.51‰(表 2-11)。三个海拔的日本柳杉树轮 $\delta^{13}C$ 表现出"降低—升高—降低"的变化趋势，这与前人有关研究中提到的树轮 $\delta^{13}C$ 在不同海拔梯度上所表现的变化趋势相一致(靳翔等，2014；朱娜，2019)。

庐山地区三个样地的日本柳杉 $\delta^{13}C$ 在海拔梯度上表现出的相关性不显著，但通过比较三个海拔的日本柳杉树轮碳稳定同位素变化趋势，可以看出该地区日本柳杉树轮的 $\delta^{13}C$ 序列在 2001 年和 2009 年出现了较为明显的拐点(图 2-18)，并为研究时间尺度的极值点(2001 年和 2009 年)。这可能与 2001 年与 2009 年气候因子(主要是温度、降水)的异常波动变化有关。2001 年与 2009 年的 7 月份温度为全年温度最高月份，分别为 23.22℃，23.00℃，各个月份的温度均有不同程度的偏高，并且 2001、2009 年的降水量波动程度比较大，这都会对日本柳杉的生长周期产生严重的影响。5 月多年平均降水量为 261.60mm，2001 年 5 月降水量为 131.9mm，为历年 5 月降水的最低值，同比下降 49.6%。夏季(6～8月)平均降水量为 769.33mm，2001 年夏季降水量为 556.9mm，其中 6 月份的降水量仅为 170mm，6 月多年平均降水量为 295.28mm，同比下降 42.4%。2009 年夏季降水量为 721.7mm，接近夏季平均降水量水平，该年 9 月降水量为 328.2mm，9 月多年平均降水量

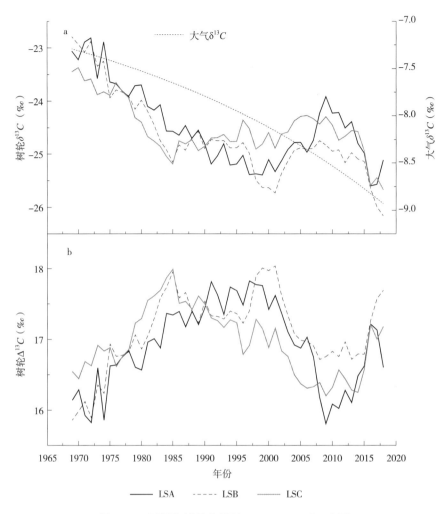

图 2-18 不同海拔日本柳杉(1969—2018 年)序列

注：a 为树木年轮原始序列($\delta^{13}C_p$)和大气碳同位素序列($\delta^{13}C_a$)；b 为树轮碳同位素分馏值序列($\Delta^{13}C$)

表 2-11 不同海拔日本柳杉 $\delta^{13}C$ 和 $\Delta^{13}C$ 的描述统计量

	序列	时段(年)	最小值(‰)	最大值(‰)	均值(‰)	标准差(‰)
低海拔	$\delta^{13}C$	1969—2018	-25.60	-22.81	-24.47	0.10
	$\Delta^{13}C$	1969—2018	15.81	17.82	16.91	0.08
中海拔	$\delta^{13}C$	1969—2018	-26.16	-22.79	-24.66	0.11
	$\Delta^{13}C$	1969—2018	15.86	18.03	17.11	0.07
高海拔	$\delta^{13}C$	1969—2018	-25.67	-23.37	-24.51	0.07
	$\Delta^{13}C$	1969—2018	16.20	17.99	16.96	0.06

为 241.25mm，同比上升 36%。；秋季(9~11 月)的平均降水量为 329.71mm，2001 年秋季降水量为 53.3mm，同平均水平相差甚远，同比下降 83.3%，其中 10 月平均降水量为 143.48mm，2001 年 10 月降水量为 2.1mm，同比下降 98.5%。5~10 月覆盖了日本柳杉光

合作用的最佳生长有机物合成时节，该时间段的温度、降水等气候因子对日本柳杉的生理过程起到决定性的影响作用。且2001年5、10月降水量的极端缺少，这对日本柳杉的生命活动造成极大的损坏。

为了更加科学地进行树轮同位素气候关系研究，首先要考虑去除大气$\delta^{13}C$对树轮$\delta^{13}C$产生的影响。本研究应用的校正方法是Mcarroll and Loader等（2004）提出的数学校正法，利用冰芯气体中$\delta^{13}C$计算大气CO_2中的$\delta^{13}C$值，公式如下：

$$\Delta^{13}C = (\delta^{13}C_a - \delta^{13}C_p)/(1 + \delta^{13}C_p/1000) \qquad 式（2-2）$$

式中$\Delta^{13}C$为校正后序列（图2-18b），$\delta^{13}C_a$为大气$\delta^{13}C$，$\delta^{13}C_p$为日本柳杉树轮原始序列。

2.4.2　树轮碳同位素 $\Delta^{13}C$ 的气候响应

庐山日本柳杉树轮$\Delta^{13}C$序列与当地气象数据的相关性分析表明（图2-19），低海拔（850m）地区树轮$\Delta^{13}C$与上一年8月平均气温、上一年7、8月日照时数显著负相关，却与当年1月降水显著正相关。中海拔（1050m）地区树轮$\Delta^{13}C$仅与上一年7、8月日照时数、当年8月日照时数显著负相关，在月平均气温、月相对湿度、月降水上表现为无显著相关性。高海拔（1250m）地区树轮$\Delta^{13}C$与上一年9月，当年3月平均气温显著负相关，同当年3、4月相对湿度显著正相关，与降水、日照时数无显著相关性。不同海拔日本柳杉树轮$\delta^{13}C$序列对气候因子的响应，表现出较强的"滞后"效应，这同树轮宽度与气候因子响应的研究较为一致。在海拔梯度上，树轮$\Delta^{13}C$主要响应低海拔区1月降水量（$R=0.42$，$P<0.01$）和高海拔区3、4月相对湿度（$R=0.34$，$R=0.30$，$P<0.05$）的变化。随着海拔的升高，树轮$\Delta^{13}C$与日照时数的负相关性呈降低趋势，与月平均气温的负相关性呈上升趋势。

不同海拔日本柳杉树轮$\Delta^{13}C$与气候因子的相关性分析表明，3个不同海拔日本柳杉树轮$\Delta^{13}C$与日照时数总体上呈负相关的变化趋势，且随着海拔的增加负相关性降低。低（850m）、中海拔（1050m）地区日本柳杉树轮$\Delta^{13}C$与上一年的7、8月日照时数显著负相关，此外，低海拔地区树轮$\Delta^{13}C$还与当年3、4月日照时数显著负相关，中海拔地区树轮$\Delta^{13}C$与当年8月日照时数显著负相关。太阳光照时数的变化调节着树木光合速率与叶片气孔导度之间的平衡，在一定的程度上，太阳辐射越强，气孔导度降低，光合作用受到抑制。Mcarroll and Loader（2004）研究认为，光子通量是影响树轮碳同位素分馏的重要原因之一，光子通量可以调节树木光合作用率。在一定光照强度范围内，叶片内部CO_2浓度随光照的增强而降低，而碳同位素分馏强度则相应地下降，这在一定程度上可以解释树轮$\Delta^{13}C$与日照时数的负相关关系。在欧洲挪威西北部和斯诺文尼亚的阿尔卑斯山也有专家学者进行了树轮$\Delta^{13}C$对日照时数的响应研究（Young et al.，2010；Hafner et al.，2014）。该研究区树轮$\Delta^{13}C$对月平均气温的响应呈负相关关系，在低海拔区域上一年8月与平均气温显著负相关，在高海拔（1250m）区与上一年的9月、当年的3月平均气温显著负相关，中海拔地区无显著相关性。研究发现，除了外界环境的日照时数起到调制树木的光合作用外，温度变化的影响也是树轮碳同位素分馏的又一原因（Liu et al.，2014）。温度的变化对树木光合作用和树轮$\Delta^{13}C$的影响要比太阳辐射、光子通量表现得更为直接。在炎热潮湿的地区，温度可以满足树木的光合作用要求，而太阳辐射可能会因为云雾天气，降低了树木光合作用吸收的光照强度，在庐山地区一年中有雾天数多达200d，云雾削弱了太阳辐射强

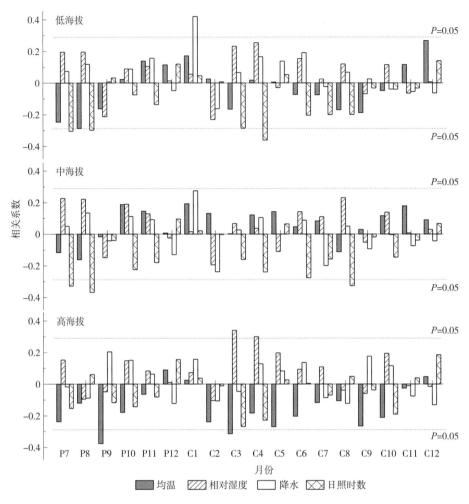

图 2-19　庐山日本柳杉 $\Delta^{13}C$ 序列与气候因子的相关系数

注：P 为上年月份，C 为当年月份。

度，导致树木光合作用需要的光照时间和强度不足，进而影响树木水分利用的提高。台湾地区一项树木年轮宽度变化与气候因子的相关性研究很好地说明了太阳光照可能是该区域树木生长的主要限制性因子（Wright et al.，2014）。

高海拔（1250m）地区日本柳杉树轮 $\Delta^{13}C$ 与当年 3 月、4 月相对湿度显著正相关，气候环境相对湿度的降低会加剧树木生长过程的水分利用压力，减少树叶的气孔导度，避免过多的水分流失以满足自身生长对水分的需求。气孔导度的降低会阻碍植物光合作用对大气中 CO_2 的吸收和利用。组织内 CO_2 浓度较低，稳定碳同位素分馏减弱，因此，总体上树轮 $\Delta^{13}C$ 与相对湿度具有较高的正相关关系（Farquhar et al.，1989）。在降水方面，低海拔（850m）地区 1 月降水与日本柳杉树轮 $\Delta^{13}C$ 呈极显著负相关关系。降水量水平在一定程度上影响着该地区的相对湿度，可以从降水和相对湿度中的任意一个影响因子反映其影响树木的气孔导度，最终影响树轮同位素的分馏过程。

树轮宽度和树轮 $\Delta^{13}C$ 都对研究区的气温和相对湿度变化比较敏感。不同海拔梯度的气温和相对湿度变化存在差异，进而导致树木生长和同位素分馏过程不同。树木的光合作用速率和气孔导度是树轮同位素分馏的决定性要素，而树轮的生长过程主要受光合作用和呼吸作用的影响，不同海拔梯度的各个参数的变化可影响到树木年轮宽度和树轮 $\Delta^{13}C$。

2.4.3 基于树轮 $\delta^{13}C$ 的水分利用效率变化特征

用树木年轮 $\delta^{13}C$ 可以反映出植物 WUE，这已经成为许多科学家所关注的焦点之一。植物 WUE 表示的是单位水量通过叶片蒸腾散失时光合作用所产生的有机物质的量。由于 $\delta^{13}C$ 值与植物 WUE 高度相关，所以应用稳定同位素技术所测得的树木年轮可以用于间接地指示树木 WUE。

基于树木年轮 $\delta^{13}C$ 值计算水分利用效率(water use efficiency，WUE)，公式如下：

$$\Delta^{13}C = (\delta^{13}C_a - \delta^{13}C_p) / (1 + \delta^{13}C_p / 1000) \qquad 式(2-3)$$

$$C_i / C_a = (\Delta - a) / (b - a) \qquad 式(2-4)$$

$$WUE = A / g = C_a(1 - C_i / C_a) \times 0.625$$

$$= C_a(\delta^{13}C_p - \delta^{13}C_a + b) / [1.6(b - a)] \qquad 式(2-5)$$

式中：$\Delta^{13}C$ 为校正后树轮 $\delta^{13}C$ 序列值，$\delta^{13}C_a$ 是大气 CO_2 中碳同位素值；$\delta^{13}C_p$ 是样品中碳同位素值；a 为 CO_2 通过气孔扩散时的碳同位素分馏系数，取值为 4‰；b 为羧化反应引起的碳同位素分馏系数，取值为 27‰；A 为植物叶片对 CO_2 的同化速率；g 为植物叶片气孔导度；C_i 为植物叶片气孔内 CO_2 浓度；C_a 为大气 CO_2 浓度(McCarroll et al.，2004；阮亚男等，2017)。

大气 CO_2 中碳同位素值($\delta^{13}C_a$)根据 Feng(1999)计算：

$$\delta^{13}C_a = -6.249 - 0.006 \exp[0.0217(t - 1740)] \qquad 式(2-6)$$

大气 CO_2 浓度值采用的是美国国家海洋和大气管理局 (NOAA ESRL) (ftp：// aftp. cmdl. noaa. gov/products/trends/co$_2$/co$_2$_ annmean_ mlo. txt)的测量值(图 2-20)。从式中可以看出树木年轮 $\delta^{13}C$ 与 WUE 成正相关。

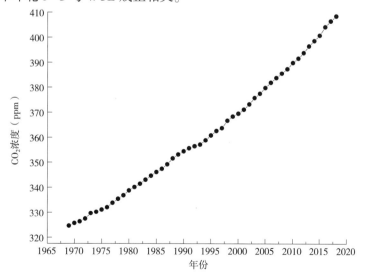

图 2-20 1969—2018 年大气 CO_2 浓度变化

1969 年到 2018 年为止，CO_2 的浓度从 324.62ppm[①] 上升到 408.52ppm，表现出极显著的上升趋势（$P<0.01$）。基于日本柳杉树轮 $\delta^{13}C$ 序列计算而来的植物叶片细胞内部 CO_2 浓度（C_i）从 1969 的最低值 167.39ppm 上升到 2018 年的最高值 243.20ppm，低海拔的 C_i 分布在 168.36~232.25ppm，平均值 202.87ppm；中海拔的 C_i 分布在 167.39~243.20ppm，平均值 206.21ppm；高海拔的 C_i 分布在 176.20~234.11ppm，平均值 203.42ppm（图 2-21）。2000 年前，C_a 的增长速度较 C_i 的增长速度慢，故该时间段 3 个海拔地区的 C_i/C_a 表现出显

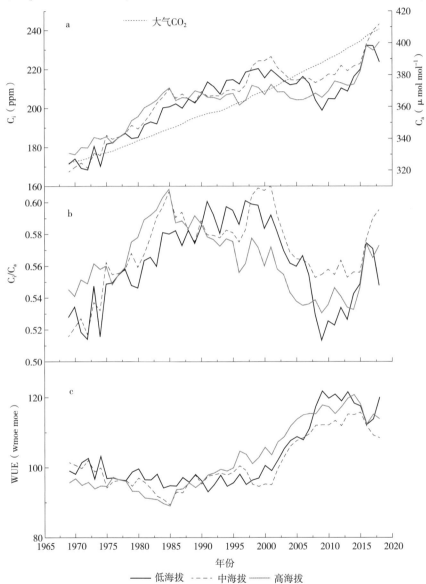

图 2-21　庐山不同海拔日本柳杉 C_a，C_i（a），C_i/C_a（b），和 WUE（c）变化

___

① 　1ppm = 1cm³/c³ = 10⁻⁶。以下同。

著的上升特征，随后的时间里C_i/C_a表现出下降的趋势(图2-21)。研究区日本柳杉的水分利用效率(WUE)在89.02~121.80μmol/mol，如图2-21c所示，整体上不同海拔日本柳杉的水分利用效率随着树龄的增加而呈上升的变化趋势，日本柳杉水分利用效率在1969—1985年呈现缓慢的下降趋势，日本柳杉水分利用效率在1985—2013年呈极显著上升的趋势($P<0.01$)，在2013—2018年又开始呈现下降的趋势，不同海拔日本柳杉树木的水分利用效率的变化趋势极其一致。

（1）日本柳杉水分利用效率（WUE）与树轮宽度的相关性

随着海拔的升高，日本柳杉水分利用效率与树轮宽度的相关性由负相关转变为正相关，其中在中海拔地区达到极显著负相关($P<0.01$)，在高海拔地区日本柳杉水分利用效率的提高在一定程度上可以促进日本柳杉的径向生长（表2-12）。

表2-12 日本柳杉水分利用效率（WUE）与树轮宽度的相关关系

样点	相关系数
低海拔	-0.051
中海拔	-0.426**
高海拔	0.129

注：*表示$P<0.05$，**表示$P<0.01$。

（2）日本柳杉水分利用效率（WUE）与CO_2浓度的相关性

表2-13中不同海拔日本柳杉水分利用效率（WUE）与CO_2浓度[CO_2]的相关系数分别为0.791、0.767、0.907，均呈极显著正相关性($P<0.01$)。

表2-13 日本柳杉水分利用效率（WUE）与CO_2浓度的相关性

样点	相关系数
低海拔	0.791**
中海拔	0.767**
高海拔	0.907**

注：*P表示<0.05，**表示$P<0.01$。

（3）日本柳杉水分利用效率（WUE）与气候因子的相关性

该区日本柳杉与气象因子的相关性如图2-22所示，在温度因子的相关性分析上，除了在12月平均气温表现出一定的负相关性外，在其他月份均表现为正相关性。在上一年的7月平均气温，9~10月平均气温，当年的3~6月平均气温，9~11月平均气温，不同海拔的日本柳杉均表现出显著的正相关性($P<0.05$)。其中，3~5月平均气温，9、11月平均气温达到极显著水平($P<0.01$)。在相对湿度因子的相关性分析上，3个不同海拔地日本柳杉水分利用效率均与3、4月相对湿度呈现显著负相关，另外高海拔（1250m）地区的还与5月相对湿度显著负相关，随着海拔的升高，相对湿度的抑制作用更加明显。在日照时数的相关性分析上，低海拔（850m）地区日本杉水分利用效率与3月日照时数显著正相关，高海拔地区的与8月日照时数显著负相关，中海拔（1050m）地区的整体上与日照时数表现出一定的负相关关系，但并未达到显著水平。该地区降水对日本柳杉的水分利用效率无显著

相关性。这表明，日本柳杉的水分利用效率在庐山降水量比较大的区域不会受降水量的影响，温度是关键影响因子。

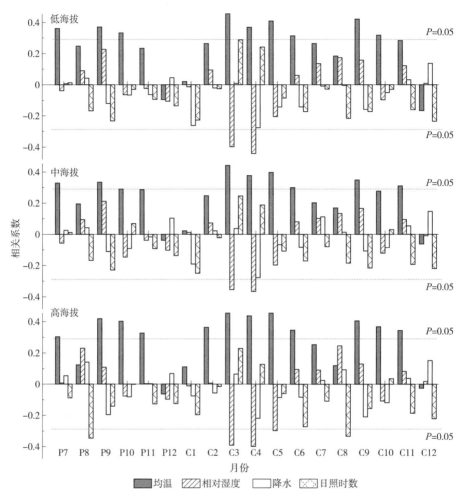

图 2-22　庐山不同海拔日本柳杉水分利用效率与气候因子的相关性

注：P 为上年月份，C 为当年月份。

基于树木年轮稳定碳同位素丰度（$\delta^{13}C$）的水分利用效率（WUE）可反映调节树木碳吸收和水分流失的长期趋势，并反映树木的生境适应规律。因此，树木水分利用效率因生境而异。温度对水分利用效率的影响非常复杂，主要体现在树木的光合作用和蒸腾作用两个方面，不同树种之间也有所差别（Ben-Asher et al.，2008）；气温通过影响光合速率进而影响树木干物质的累积；也会通过影响树叶片气孔导度和土壤蒸发速率，从而影响树木群体水平的蒸发蒸腾过程（Gratani et al.，2009；Zhou et al.，2011）。当温度在一定范围内升高时，叶片气孔导度增加，净光合速率的增加大于蒸腾速率的增加，进而树木水分利用效率整体上有所提高。气象数据结果（图 2.5）显示，随着该区域温度升高，降水量减少，气候暖干化程度加剧，日本柳杉的水分利用效率呈现上升的趋势发展。通常在低温情况下，树木的光合作用速率被认为随着温度的升高而增加（Erice et al.，2011）。这是对树木应对气候变暖和CO_2浓度增加的最初响应，但是如果温度升高超过临界温度时，则高温会使各种生理反应酶失去活性，光合作用速率会降低。降水量的增加会增加空气湿度、土壤含水量，植物叶片的气孔导度和蒸腾速率也会相应增加，从而降低水分利用效率。干旱可以使植物保持较高的水分利用效率，从而减少缺水的影响并提高其在干旱条件下的水竞争能力（Gao et al.，2014）。但是，由于树木的水分利用效率存在一定的阈值，与环境中的干旱程度相对应，因此干燥环境中的水分利用效率在达到一定水平后不可避免地会降低。随着温度、干旱和所需养分等限制因素的增加，缺乏适应环境变化的树木会减缓或停止生长。

　　3个海拔日本柳杉水分利用效率（WUE）均与大气CO_2浓度呈极显著正相关（$P<0.01$）（表2-13），根据 WUE 的定义可以知道，WUE 随C_a的增加而增加，很可能是因为C_a的增加导致了树木对CO_2同化吸收的增加或者影响C_a变化的主要控制因素的叶片气孔导度的减少。WUE 的变化更加趋近于C_i恒定的情形，说明树木 WUE 强烈响应C_a的增加。这与大多认为大气浓度升高可以提高树木水分利用效率的研究结果一致（Zhang et al.，2000），大气CO_2浓度升高是导致日本柳杉树木同化速率增快、WUE 升高的主要原因。

主要参考文献

白雪，范泽鑫，2018. 哀牢山中山湿性常绿阔叶林水青树年轮宽度对气候变化的响应[J]. 林业科学，54(3)：161-167.

陈峰，袁玉江，魏文寿，等，2012. 树轮记录的酒泉近240a来6~9月气温变化[J]. 干旱区研究，29(1)：47-54.

程瑞梅，刘泽彬，封晓辉，等，2015. 气候变化对树木木质部生长影响的研究进展. 林业科学，51(6)：147-154.

崔明星，何兴元，陈玮，等，2008. 河北木兰围场油松年轮生态学的初步研究. 应用生态学报，19(11)：2329-2345.

董志鹏，郑怀舟，方克艳，等，2014. 福建三明马尾松树轮宽度对气候变化的响应[J]. 亚热带资源与环境学报，9(1)：1-7.

何海，2005. 使用 WinDENDRO 测量树轮宽度及交叉定年方法[J]. 重庆师范大学学报：自然科学版，22(4)：39-44.

侯爱敏，周国逸，彭少麟，2003. 鼎湖山马尾松径向生长动态与气候因子的关系[J]. 应用生态学报，14(4)：158-160.

黄学林，2012. 植物发育生物学[M]. 北京：科学出版社.

靳翔，徐庆，刘世荣，2014. 川西亚高山不同海拔岷江冷杉树轮碳稳定同位素对气候的响应[J]. 生态学报，34(7)：1831-1840.

李广起，白帆，桑卫国，2011. 长白山红松和鱼鳞云杉在分布上限的径向生长对气候变暖的不同响应[J]. 植物生态学报，35(5)：500-511.

李翔翔，居辉，刘勤，等，2017. 基于 SPEI-PM 指数的黄淮海平原干旱特征分析. 生态学报，37(6)：2054-2066.

李越，李胜利，杨昌腾，等，2016. 南岭华南五针松树轮宽度对气候因子的响应[J]. 亚热带资源与环境学报，11(1)：26-31.

乔晶晶，王童，潘磊，等，2019. 不同海拔和坡向马尾松树轮宽度对气候变化的响应[J]. 应用生态学报，30(7)：2231-2240.

秦进，白红英，翟丹平，等，2017. 秦岭东部牛背梁自然保护区巴山冷杉树轮宽度与气候因子的关系[J]. 冰川冻土，39(3)：540-548.

阮亚男，萧英男，杨立新，等，2017. 大连市黑松树木水分利用效率的环境响应[J]. 应用生态学报，28(9)：2849-2855.

石松林，靳甜甜，刘国华，等. 2018. 气候变暖抑制西藏拉萨河大果圆柏树木生长[J]. 生态学报，38(24)：8964-8972.

王文志，2015. 青藏高原东北部树木径向生长对气候变化响应研究[D]. 北京：中国科学院大学 中国科学院寒区旱区环境与工程研究所.

张金泉，1997. 庐山自然保护区及其自然资源特点[J]. 人与生物圈，4(4)：37-40.

张金泉，1997. 庐山自然保护区及其自然资源特点[J]. 人与生物圈，4(4)：37-40.

张振，金国庆，丰忠平，等，2019. 马尾松年轮稳定碳同位素比率($\delta^{13}C$)变化特征及影响因子分析. 植物资源与环境学报，28(4)：24-31.

赵安玖，郭世刚，杨旭，等，2014. 川西南柳杉早材、晚材年表与温度和降雨的关系[J]. 长江流域资源与环境，23(11)：1603-1609.

赵守栋，江源，焦亮，等，2015. ARSTAN 程序和 R 语言 dplR 扩展包进行树轮年表分析的比较研究[J]. 生态学报，35(22)：7494-7502.

郑广宇，王文杰，王晓春，等，2012. 帽儿山地区兴安落叶松人工林树木年轮气候学研究[J]. 植物研究，32(2)：191-197.

朱娜，2019. 秦岭南坡油松年轮 $\delta^{13}C$ 变化及与气候因子的关系研究[D]. 杨凌：西北农林科技大学.

BEN-Asher J, GARCIA A G Y, HOOGENBOOM G, 2008. Effect ofhigh temperature on photosynthesis and transpiration ofsweet corn(*Zea mays* L. var. *rugosa*)[J]. Photosynthetica, 46(4)：595-603.

CHEN F, YUAN Y J, WEI W S, et al., 2015. Tree-ring response of subtropical tree species in southeast China on regional climate and sea-surface temperature variations[J]. Trees, 29(1)：17-24.

COOK E R, 1985. A Time-serises Analysis Approach to Tree-ring Standardization[M]. Tucsson：University of Arizona.

CULLEN L E, PALMER J G, DUNCAN R P, et al, 2001. Climate change and tree-ring relationships of Nothofagus, menziesii, tree-line forests[J]. Canadian Journal of Forest Research, 31(11)：1981-1991.

ERICE G, SANZ-Saez A, ARANJUELO I, et al., 2011. Photosynthe-sis, N_2 fixation and taproot reserves during the cuttingregrowth cycle of alfalfa under elevated CO_2 and temperature[J]. Journal of Plant Physiology, 168(17)：2007-2014

FARQUHAR G D, EHLERINGER J R, HUBICK K T, 1989. Carbon isotope discrimination and photosynthesis[J]. Annual Review of Plant Biology, 40(1)：503-539

FENG X, 1999. Trends in intrinsic water-use efficiency of natural trees for the past 100-200 years：a response to atmospheric CO_2 concentration[J]. Geochimica et Cosmochimica Acta, 63(13-14)：1891-1903.

GAO Y, ZHU X, YU G, et al., 2014. Water use efficiencythreshold for terrestrial ecosystem carbon sequestration inChina under afforestation[J]. Agricultural and Forest Meteo-rology, 195-196：32-37.

GONZÁLEZ I G, ECKSTEIN D, 2003. Climatic Signal of Earlywood Vessels of Oak on a Maritime site[J]. Tree Physiology, 23(7)：497-504.

GOU X H, CHEN F H, JACOBY G, et al, 2007. Rapid tree growth with respect to the last 400 years in response to climate warming, northeastern Tibetan Plateau[J]. International Journal of Climatology, 27(11)：1497-1503.

GRATANI L, VARONE L, CRESCENTE M F, 2009. Photosynthetic activity and water use efficiency of dune species: the in-fluence of air temperature on functioning[J]. Photosynthetica., 47(4): 575-585.

GRIČAR J, ZUPANČIČ M, ČUFAR K, et al. 2007. Regular cambial activity and xylem and phloem formation in locally heated and cooled stem portions of Norway spruce[J]. Wood Science & Technology, 41(6): 463-475.

GRISSINO-MAYER H D, 2001. Evaluating crossdating accuracy: a manual and tutorial for the computer program COFECHA[J]. Tree-Ring Research, 57(2): 205-221.

HAFNER P, MCCARROLL D, ROBERTSON, et al., 2014. A 520 year record of summer sunshine for the eastern European Alps based on stable carbon isotopes in larch tree rings[J]. Climate Dynamics, 43(3-4): 971-980.

HOLMES R L, 1983. Computer-assisted quality control in tree-ring dating and measurement[J]. Tree-Ring Bulletin, 43: 69-78.

LIU H Y, PARK Williams A, ALLEN C D, et al, 2013. Rapid warming accelerates tree growth decline in semi-arid forests of Inner Asia[J]. Global Change Biology, 19(8): 2500-2510.

LIU H Y, PARK Williams A, ALLEN C D, et al., 2013. Rapid warming accelerates tree growth decline in semi-arid forests of Inner Asia[J]. Global Change Biology, 19(8): 2500-2510.

LIU X, WANG W, XU G, et al., 2014. Tree growth and intrinsic water-use efficiency of inland riparian forests in northwestern China: evaluation via $\delta^{13}C$ and $\delta^{13}O$ analysis of tree rings[J]. Tree Physiol, 34(9): 966-980.

MCCARROLL D, LOADER N J, 2004. Stable isotopes in tree rings[J]. Quaternary Science Reviews, 23(7-8): 771-801.

PARK Williams A, ALLEN C D, MACALADY A K, et al, 2013. Temperature as a potent driver of regional forest drought stress and tree mortality[J]. Nature Climate Change, 3(3): 292-297.

ROSSI S, DESLAURIERS A, ANFODILLO T, et al., 2006. Conifers in cold environments synchronize maximum growth rateof tree-ring formation with day length[J]. New Phytologist, 170(2): 301-310.

WRIGHT W E, GUAN B T, TSENG Y H, et al., 2014. Reconstruction of the springtime East Asian Subtropical Jet and Western Pacific pattern from a millennial-length Taiwanese tree-ring chronology. Climate Dynamics, 44(5-6): 1654-1659.

YANG B, HE M H, SHISHOV V, et al., 2017. New perspective on spring vegetationphenology and global climate change based on Tibetan Plateau tree-ring data[J]. Proceedings of the National Academy of Sciences of the United Statesof America, 114(27): 6966-6971.

YOUNG G H F, MCCARROLL D, LOARD N J, et al., 2010. A 500-year record of summer near-ground solar radiation from tree-ring stable carbon isotopes[J]. Holocene, 20(3): 315-324.

ZHANG X Q, XU D Y, ZHAO M S, et al., 2000. The responses of 17-years old Chinese fir shoots to elevated CO_2[J]. Acta Ecologica Sinica, 20(3): 390-396.

ZHOU X, GE Z M, KELLOMAKI S, et al., 2011. Effects of elevated CO_2 and temperature on leaf characteristics, photosyn-thesis and carbon storage in aboveground biomass of aboreal bioenergy crop(*Phalaris arundinacea* L.)undervarying water regimes[J]. Global Change Biology Bioenergy, 3(3): 223-234.

第三章　日本柳杉林水文特征

森林生态系统的水分来自易于观测的降雨、降雪、地下水、地表水，以及常规手段较难测量的雾水、露水、土壤吸附水等水平降水。由于水平降水在大多数地区和生态系统中所占比重较小，地面气象观测中降水量仅指的是垂直降水，水平降水不做降水量来处理。但在多雾的山地和沿海的森林生态系统中，雾水作为一项重要的水分来源，对森林生态系统的水分循环起着重大的调节作用，影响着水量平衡的各个环节。全面认知雾水如何参与森林生态系统及其对森林生态系统水、碳平衡关系的影响，必须要搞清楚植被对雾水的截留及其利用过程，对此的深入理解可以帮助理解雾水输入改善植被水分状况的路径。本章选择位于我国中亚热带向北亚热带过渡的季风湿润区庐山针叶林进行森林与雾水的关系研究，主要基于以下考虑：①鄱阳湖区地表水汽再循环过程中有大量的地表蒸发水汽进入到当地大气中，尤其是湖水蒸发水汽对当地大气水汽的贡献不容忽视。庐山毗邻鄱阳湖，是直接反映鄱阳湖水文变化的区域，受鄱阳湖区上方的平流雾和庐山山地雾共同作用，全年云雾日数多达 200d 左右，是研究针叶林生态系统与雾的关系的天然试验区；②稳定同位素技术在生态水文学中的应用已日趋广泛和成熟，并已形成了一整套完善的利用氢氧稳定同位素定量区分不同水源贡献的理论和方法，国内外都有许多可以参考的将它们运用于雾与植物关系研究中的经验，它可弥补国内此项研究的不足，具有重要的科学意义和研究价值；③国内对庐山雾水的研究开始较早，并且一直持续得到学者的关注，但几乎都集中于雾水化学效应的研究上，目前对其生态水文效应的研究仍乏人问津，因此，在庐山雾水对森林生态系统水分输入及其利用过程的研究，将有助于深入认识该地区的水分和元素循环规律。

基于以上分析和认识，以庐山日本柳杉林生态系统为关注点，开展雾水与森林关系的研究，运用传统观测技术手段，采用野外长期定位观测的方法，通过对庐山日本柳杉林小气候特征的长期监测，分析针叶林截留雾水通量及其时空变化特征、林冠截留机制及其影响因素、雾水利用模式及其贡献程度，揭示针叶林云雾截留、利用机制及其生态效应，可为该区森林与雾水关系的研究提供科学依据。

3.1　庐山降雨特征

林外降雨从发生到进入林内，除去穿过冠层间隙落入的，还有部分或被冠层滞留后而被吸收、蒸散，或在冠层汇聚后滴落、由树干流入。林外降雨是冠层截留和降雨再分配产生的前提条件，其特征(降雨量、降雨强度、降雨历时等)对冠层截留和降雨再分配有很大影响，为了划分不同场次林外降雨事件，按照林外小型气象站记录的降雨信息，将时间间隔超过 6h 的降雨事件划分为不同的两次降雨。在进行降雨观测研究期间内(图 3-1)，共记录 123 场有效降雨数据，总累计降雨量为 1537.19mm，最大降雨量为 99.425mm，最小降雨量为 0.2mm，月均降雨量由 4 月开始上升，至 6 月达到月降雨量最大值，之后逐月递减。将各场降雨按照 0~10mm、10~25mm、25~50mm、>50mm 的降雨量进行等级划分，其各自对应的发生频数分别为 82 次、23 次、12 次、6 次。观察到的结果是，在观测期间内，大多场降雨的降雨量主要集中在 0~10mm 范围内，且随着降雨量增大，林外降雨事件发生频数下降。

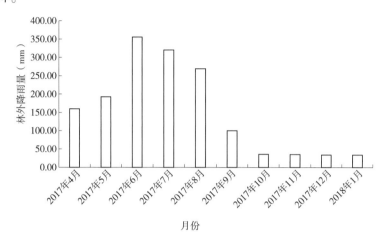

图 3-1　研究期月降雨量分布

从降雨强度分析(图 3-2)，观测期间内共记录降雨 123 场，平均降雨强度为 1.62mm/h，最大降雨强度为 43.49mm/h，最小降雨强度为 0.12mm/h，不同降雨强度为 <2mm/h、2~5mm/h、5~10mm/h、10~20mm/h、>20mm/h 的降雨占比分别为 66%、19%、6%、2%、1%。这说明在观测期间内，林外降雨强度集中在低强度降雨 <2mm/h，且随降雨强度增加林外降雨次数减少。

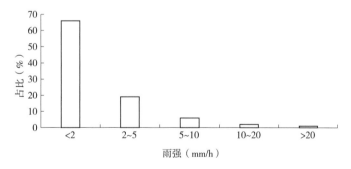

图 3-2　研究期内降雨强度分布

从降雨历时来看(图 3-3)，观测期间内平均降雨历时 8.11h，最长降雨历时 57.75h，将不同降雨事件降雨历时划分为 <1h、1~6h、6~12h、12~24h、>24h，其对应的发生频数分别为 42、34、19、16、11。大约七成的降雨事件在 12h 以内结束，还有 8.94% 的降雨历时超过 24h。

综上所述，该期间，区域的降雨事件主要为低强度短历时降雨，降雨事件特征变化差异较大，即有一些高强度长历时的降雨事件，同时，降雨多集中在夏季，是典型的季风性气候。

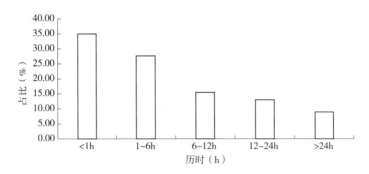

图 3-3　研究期内降雨历时分布

3.2　日本柳杉林冠降水截留特征

3.2.1　林冠层对降水的再分配

在 2017 年 4 月至 2018 年 1 月整个观测期内(如表 3-1)，林外气象站共记录降雨量 1537.19mm，经过日本柳杉林冠层降雨再分配作用，其中有 1471.33mm 降雨量以穿透雨的形式到达地面，树干径流总量为 46.33mm，冠层截留总量为 19.03mm，分别占降雨总量的 96%、3% 和 1%。根据降雨量的大小将研究期间 123 场降雨事件划分为 <5mm、5~10mm、10~25mm、25~50mm、50-100mm 共 5 个降雨级别，发现随着降雨量级的增加，降雨量增大，穿透雨量和树干径流量以及穿透雨率和树干径流率均随着林外降雨量的增加而增加，这与前人大多数研究结果一致；但是林冠截留量随着林外降雨量的增加而减小，特别是在 25~50mm、50~100mm 两个降雨级别中呈现为负值，这一结果与大多数有关林冠截留的研究结论不符。我们推测这可能与庐山多云雾的气候条件有关，郭丽君等(2019)对庐山云雾及降雨的日、季节变化研究发现，庐山平均云和雾的天数为 13 天/月，最高可达到 25 天/月。云雾天气导致林冠叶片在降雨前已经处于湿润状态，减小了对降雨的截留，同时降雨期间冠层界面附近大气中的水滴在降雨的作用下更容易被叶片俘获，因而增加了穿透雨量。

表 3-1　日本柳杉林不同降雨量级降雨再分配

降雨量级(mm)	林外降雨量(mm)	穿透雨		树干径流		截留	
		穿透雨量(mm)	穿透雨率(%)	树干径流量(mm)	树干径流率(%)	截留量(mm)	截留率(%)
<5	99.75	69.64	70	0.00	0	30.11	30
5~10	107.50	90.80	84	1.14	1	15.56	14
10~25	402.70	382.57	95	11.21	3	8.92	2
25~50	451.42	447.46	99	15.78	3	-11.82	-3
50~100	475.82	481.36	101	18.20	4	-23.74	-5
合计	1537.19	1471.33	96	46.33	3	19.03	1

（1）穿透雨与林外降雨的关系

如图 3-4 所示，观测期内穿透雨随着林外降雨量的增加而增加，两者之间呈现显著的正相关关系，通过回归拟合后得到线性方程 $TF = 1.01P - 0.79$（$n = 123$，$R^2 = 0.99$），式中 TF 为穿透雨率，P 为林外降雨量；不同次降雨事件下，穿透雨率（图 3-5）的变化范围为 $0 \sim 140\%$，研究期间的平均穿透雨率为 96%，大于之前同类针叶林穿透雨率（石磊等，2017；曹云等，2006；刘建立，2009），通过皮尔森（Person）相关性分析发现，穿透雨率与林外降雨量的相关性极为显著，即随着林外降雨量的增加而呈现增加的趋势，通过回归分析发现，穿透雨率与林外降雨量以对数函数的形式拟合效果最好，拟合方程为 $TF(\%) = 0.16\ln(P) + 0.44$（$n = 123$，$R^2 = 0.0.49$），式中 $TF(\%)$ 为穿透雨率，P 为林外降雨量。

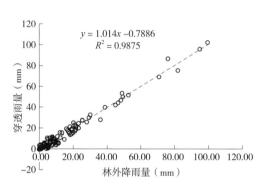

图 3-4　穿透雨与林外降雨的关系　　　　图 3-5　穿透雨率与林外降雨的关系

（2）树干径流与林外降雨的关系

如图 3-6 所示，观测期内，总共有 55 场降雨有树干径流记录，树干径流总量为 46.33mm，产生树干径流的最小记录林外降雨量为 6.4mm，树干径流量变化为 $0 \sim 3.863$mm，树干径流与林外降雨量呈显著的正相关关系，即随着林外降雨量的增加树干径流量增加，线性拟合方程为 $SF = 0.0391P - 0.1769$（$R^2 = 0.9149$），式中 SF 为树干径流量，P 为林外降雨量；观测期内总树干径流率为 3%，单次降雨树干径流率的变化范围为 $0 \sim 6.6\%$，随着林外降雨量的增加（图 3-7），树干径流率呈现先增大后逐渐趋于稳定，两者之间以对数函数拟合最优，拟合方程为 $SF(\%) = 0.0121\ln(P) - 0.0106$（$R^2 = 0.3352$），式

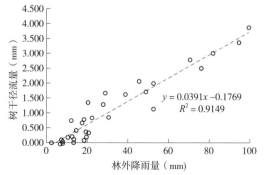

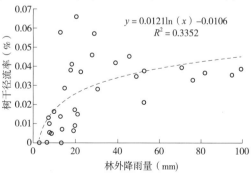

图 3-6　树干径流量与林外降雨的关系　　　　图 3-7　树干径流率与林外降雨的关系

中 SF 为树干径流率，P 为林外降雨量。

（3）林冠截留与林外降雨的关系

如图 3-8 所示，研究期间林冠截留总量为 19.03mm，在所有的降雨场次中，共有 35 场降雨记录中显示日本柳杉林冠层截留量为负，负截留量总和达到 -86.88mm，相对应的总林外降雨量为 855mm，占到总降雨量 55.6%；林冠截留量与林外降雨量呈现不显著的负相关关系，二者之间以线性回归拟合最优，拟合方程为 $y = -0.0528x + 0.9112$（$R^2 = 0.1753$），式中 y 为冠层截留量，x 为林外降雨量。

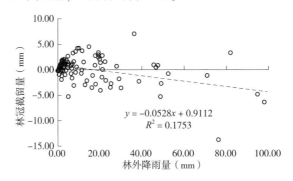

$$y = -0.0528x + 0.9112$$
$$R^2 = 0.1753$$

图 3-8　林冠截留量与林外降雨量的关系

我们观测到大量的林冠截留为负的现象，这与前人的大量研究结论不同，我们认为这可能是由研究区多云雾的气象条件导致的，由于林外气象站只记录了降雨，而云雾截留量的动态观测缺乏相关设备，因此在进行冠层截留计算时这部分水平降水无法被统计在内。从负截留总量我们可知，云雾截留对降水量的影响非常大，对净降雨的贡献量至少大于 86.88mm。从单次降雨事件来看，降雨量越大截留量负值越大，因此可以推测日本柳杉林云雾截留量与降雨事件相关，这与庐山雨雾同期的特点相符。郭丽君等（2019）等研究也发现，庐山的降水多以过程性降水为主，低能见度且伴有降水时多为系统性云的影响，低能见度伴有降水的平均概率达到 68%。因此，我们可以认为庐山日本柳杉林冠截留受到冠层结构特征的影响，同时气象因素尤其是云雾特征对冠层截留也具有显著的作用。

3.2.2　林下穿透雨特征及其空间变异性

对样地内 37 个穿透雨采样点在 21 次降雨事件后的穿透雨量进行分析后发现，林下穿透雨率最大为 222%，最小仅为 2%，平均为 80%；林下穿透雨率具有很大的空间变异性，不同次降雨事件下，穿透雨率空间变异系数最大为 114%，最小仅为 15%，因此林下穿透雨率及其空间变异性与林外降雨特征关系密切。

通过对降雨量、降雨强度与穿透雨率、穿透雨率空间变异系数的 Person 相关性分析发现，日本柳杉林内穿透雨率、标准偏差及其空间变异系数与林外降雨强度的相关性不显著，而与降雨量的相关性极显著（相关系数分别为 $R = 0.699$、-0.593、-0.693，$P < 0.01$），即穿透雨率随林外降雨量的增加呈增加的趋势，穿透雨率空间变异系数和穿透雨率的标准偏差随林外降雨量的增加而减小。通过回归分析发现，穿透雨率、穿透雨率空间变异系数与降雨量之间用对数函数、二次多项式、幂函数以及逻辑斯蒂方程进行模拟，回

归方程和回归系数都能通过显著性检验，但根据决定系数 R^2 大小，本研究中穿透雨率与降雨量之间以二次多项式模拟效果最好(如图 3-9 所示)，拟合方程为：

$$TF(\%) = -0.0006P^2 + 0.033P + 0.520 \qquad \text{式}(3-1)$$

式中：TF 为穿透雨率(%)；P 为降雨量(mm)。$R^2 = 0.673$，$P<0.01$，$n = 21$。

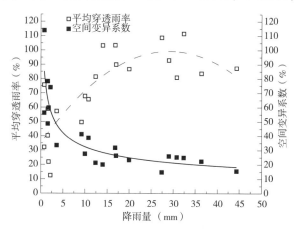

图 3-9　穿透雨率、穿透雨率空间变异系数与降雨量的关系

这与之前研究中普遍采用的幂函数(盛后财等，2016；石磊等，2017)和对数函数(曹云等，2008；裴承敏等，2018)有不同之处。根据穿透雨的形成规律，从降雨开始至林冠层趋于饱和前，随降雨量的增加穿透雨率逐渐增加，由于水分在冠层的运动过程中，其截留的部分雨水也会与后续的降雨混合后进入林地内，因此，会出现穿透雨率的后续一段时间的波动起伏。同时，由于本研究观测的林外降雨量最大为44mm，未能呈现出降雨量继续增大后的波动稳定状态。因此，以二次多项式拟合方程效果最佳，由方程可知，日本柳杉林的林下穿透雨率趋于渐进值时的最小降雨量约为28mm。

穿透雨率的空间变异系数与林外降雨量之间以幂函数模拟效果最好，拟合方程为：

$$CV(TF) = 0.739\, P^{-0.368} \qquad \text{式}(3-2)$$

式中：CV 为单次降雨事件下林下穿透雨率的空间变异系数；TF 为穿透雨率(%)；P 为降雨量(mm)。$R^2 = 0.795$，$P<0.01$，$n = 21$。

许多前人对不同树种的研究中也得出相同的结果(裴承敏等，2018)。由拟合曲线分析可知，在降雨量逐渐接近20mm时，林内穿透雨率的空间变异系数变化范围为20%~114%，平均值为46%；降雨量大于20mm后其变化范围为15%~26%，平均穿透雨率为22%。此时，可推测当降雨量大于20mm时林冠层对穿透雨的空间变异性影响减弱。

空间变异性影响穿透雨的精确评估，及其收集过程中雨量器的布设方式和数量，刘泽彬等(2017)在对六盘山华北落叶松穿透雨空间变异性的研究中得出结论：在 30m×30m 的样地内，雨量筒收集口面积为 230.58cm²，降雨量级为 0~10mm 时，在 95% 的置信区间下，华北落叶松林内布设 13 和 26 个以上的穿透雨收集器；当降雨量级为 10~20mm 时，则需布设 6 和 15 个以上的收集器时，当降雨量级大于 20 mm 时，则需设 5 和 15 个以上收集器时，能满足穿透雨量测量误差能控制在 10% 和 5% 内的要求。与之对比可以发现，本研究林分平均叶面积指数较之更大，穿透雨率空间变异系数也更大，在采用相同布局方式和雨量筒规格时，需要布设更多数量的采集器才能满足穿透雨量测量误差的需求，通过蒙特卡洛（Monte Carlo）模拟重抽样的方法（图3-10），发现在降雨量级0~10mm时，95%置信区间下，收集器数量需25和32个以上，在降雨量级为10-20mm时，收集器数量需10和22个以上，在降雨量级为20-40mm时，95%置信区间下，收集器数量需7和18个以上。尽管有研究显示，穿透雨变异系数随着穿透雨收集器面积增大而减小，但是本研究使用的穿透雨收集器面积（314.16cm²）与之相比更大，而穿透雨的变异系数并未减小。因此，相对于穿透雨收集器面积，叶面积指数可能是导致本研究穿透雨变异系数较大的主要原因。

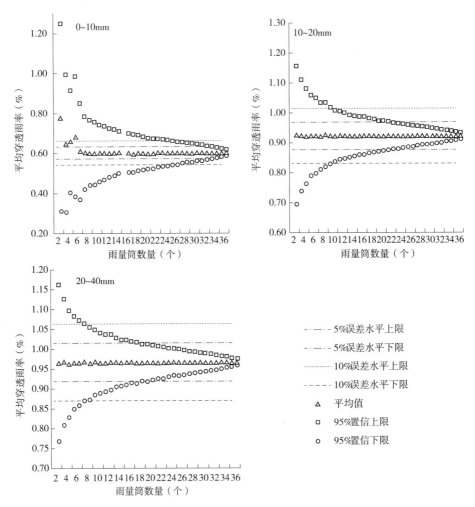

图3-10 Monte Carlo 模拟的穿透雨率平均值和置信区间随雨量收集器数量的变化

注：5%、10%误差水平指占37个收集器测穿透雨量平均值的5%、10%。

3.2.3　穿透雨时空分布特征及其与叶面积指数的关系

穿透雨的空间差异与许多因素有关，但主要影响因素为冠层结构特征和气象因子。本研究中，我们将观测期内不同位置处观测点上的降雨量、风速、风向、温度等气象因子处理为一致的，主要探讨冠层结构特征的差异引起的空间变化。在天顶角度为7°时，不同观测点处的叶面指数平均值变化范围在 1.99~6.34 的条件下，将 37 个观测点依据叶面积指数划分为 1.99~3(3 个)，3~4(13 个)，4~5(10 个)，5~6(7 个)，6~7(4 个)等 5 种情景，进一步分析不同观测点位的空间差异。

对观测期内 21 次降雨事件穿透雨的观测分析可知，在 5 种叶面积指数(LAI)条件下，通过配对样本 T 检验发现，除 LAI 为 1.99~3 与 3~4 的以及 4~5 与 6~7 的配对之间差异不显著外，其他配对之间差异均显著，说明这种叶面积指数划分是有意义的。叶面积指数处于 1.99~3 时，平均穿透雨率最大，平均值为 94.6%，标准差为 24.5%，变异系数为 25.9%；而叶面积指数处于 5~6 时，平均穿透雨率最小，平均值 62.2%，标准差为 28.7%，变异系数为 46.1%。在 21 次次降雨事件下，叶面积指数为 1.99~3 的观测点平均穿透雨率≥100%的降雨事件数达到 9 次，占到所有降雨事件数的 42.9%，说明在叶面积指数为 1.99~3 的观测点位处更易发生降雨聚集效应。

对 5 种叶面积指数条件下，观测点平均穿透雨率与林外降雨量进行回归分析和显著性检验(图 3-11)，发现 LAI(1.99~3)条件下，穿透雨率与林外降雨量的相关关系不明显，而其他叶面积指数条件下的二者关系均呈现了显著的相关性，且回归方程以二次多项式拟合效果最好(表 3-2)，随着林外降雨量的增加，穿透雨率均呈增加的趋势，且叶面积指数>4 的观测点，穿透雨率均在林外降雨量为 30mm 时达到最大，而 LAI 为 3~4 的观测点在林外降雨量为 24.3mm 时达到最大，进一步说明了冠层结构对降水拦蓄截留作用的重要性。

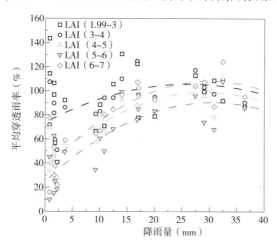

图 3-11　不同叶面积指数下观测点平均穿透雨率与降雨量关系

表 3-2　不同叶面积指数下观测点平均穿透雨率与降雨量回归拟合及显著性

叶面积指数	拟合函数(R^2)					拟合方程	回归方程显著性检验	
	对数	二次	幂	指数	逻辑斯蒂方程	二次多项式方程	P	n
LAI(3~4)	0.258	0.349	0.264	0.204	0.204	$y = -0.0005x^2 + 0.0243x + 0.7358$	<0.01	21
LAI(4~5)	0.686	0.754	0.643	0.49	0.49	$y = -0.0007x^2 + 0.042x + 0.3716$	<0.01	21
LAI(5~6)	0.637	0.668	0.612	0.439	0.468	$y = -0.0007x^2 + 0.0431x + 0.246$	<0.01	21
LAI(6~7)	0.691	0.74	0.628	0.449	0.449	$y = -0.0008x^2 + 0.0488x + 0.3427$	<0.01	21

对 5 种叶面积指数条件下，观测点穿透雨率空间变异系数与林外降雨量进行回归分析和显著性检验发现（图 3-12），在 LAI 为 1.99~3 条件下，穿透雨率空间变异系数与林外降雨量的相关关系不明显，而其他叶面积指数条件下，二者的关系均呈现出极显著的相关性，回归方程都以对数函数的拟合效果为最好（表 3-3）。叶面积指数在 4~5 时，拟合方程的决定系数最大，叶面积指数为 6~7 时，决定系数最小，而叶面积指数在 1.99~3 时不呈现相关性。可知，随冠层叶面积指数的增加，林外降雨量对空间异质性变化的解释度降低。

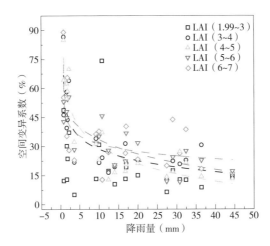

图 3-12　不同叶面积指数下观测点穿透雨率空间变异系数与降雨量关系

表 3.3　不同叶面积指数下观测点穿透雨率空间变异系数与降雨量回归拟合及显著性

叶面积指数（LAI）	拟合函数（R^2）					拟合方程	回归方程显著性检验	
	对数	二次	幂	指数	逻辑斯蒂方程	方程	P	n
3~4	0.62	0.51	0.639	0.397	0.397	$y=0.544x^{-0.307}$	<0.01	21
4~5	0.839	0.748	0.817	0.585	0.585	$y=-0.155\ln(x)+0.671$	<0.01	21
5~6	0.654	0.645	0.572	0.568	0.568	$y=-0.085\ln(x)+0.513$	<0.01	21
6~7	0.43	0.256	0.38	0.223	0.223	$y=-0.096\ln(x)+0.556$	<0.01	21

基于上述分析结果，我们进一步对 21 场降雨下不同观测点处的平均穿透雨率和时间变异系数与冠层结构特征（叶面积指数 LAI）进行相关和回归分析（图 3-13）。发现不同观测点叶面积指数与平均穿透雨率呈极显著负相关（Person 相关系数 =-0.605），而与时间变异系数呈极显著的正相关（Person 相关系数 =0.639）；而回归拟合效果皆以三次多项式的效果为最好，说明了空间结构特征对穿透雨分布影响的复杂性。森林冠层叶面积指数只有在某一范围时才能发挥最优的截留和分配降雨能力。因此，我们根据穿透雨率的变化进行了分段拟合，发现叶面积指数以 4.5 为分界点，在 LAI 于 3~4.5 变化时，随着叶面积指数的增加穿透雨率近似呈线性减小，而当叶面积指数在 4.5~7 时，它们之间以二次多项式拟合为最优。而将降雨量等级划分为 0~10mm（小雨），10~25mm（中雨）和 25~50mm（大雨）

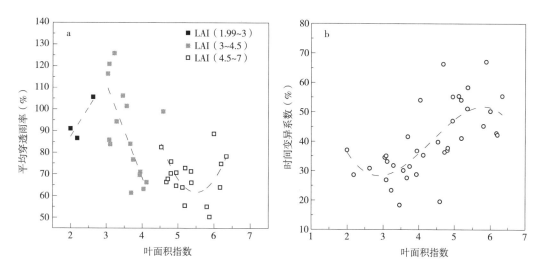

图 3-13　平均穿透雨率（a）以及时间变异系数（b）与叶面积指数的关系

三种情形，对穿透雨率按照叶面积指数进行多重比较（Tukey）也发现，降雨量级为 0-10mm 时，不同叶面积指数下的穿透雨率之间差异显著，而降雨量级大于 10mm 后，叶面积指数大于 4 的各观测点间的穿透雨率差异不显著。因此，不考虑降雨量影响的条件下以 4.5 作为叶面积指数影响的分界点是合理。随着叶面积指数的增加穿透雨观测点位的时间变异系数在逐渐增加。

对 2017 年生长季 4~9 月 21 场降雨下日本柳杉林内 37 个穿透雨观测点数据分析，日本柳杉林的平均穿透雨率为 80%，与许多前人对针叶树种穿透雨研究结果相比，处于中间值，如祁连山青海云杉林 75.04%（万艳芳等，2016）、侧柏林 60%~78.8%（王磊等，2016）、亚热带马尾松林 72.51%~76.45%（曹云等，2006）、六盘山华北落叶松林 74.94%~85.3%（刘泽彬等，2017；刘建立等，2009）、兴安落叶松林（80.62~81.39%）（石磊等，2017）、六盘山华山松林 84.34%（时忠杰等，2006）。不同树种的这种差异是由许多生物和非生物因素共同作用导致的，如林分密度（时忠杰等，2006；刘建立等，2009）、林龄（Barbier S 等，2009）、郁闭度（周彬等，2013）、冠层厚度（王磊等，2016）、叶面积指数（刘泽彬等，2017）等生物因素。笔者对降雨量和叶面积指数的分析发现，降雨量大于 28mm 时，穿透雨率趋于稳定；而降雨量级在中雨和大雨时，穿透雨率差异不显著；将观测点处的叶面积指数分为 5 种情形分析降雨量与穿透雨率关系时发现，叶面积指数在 1.9~3 时，穿透雨率与林外降雨量没有相关性，而在其他四种情形下，降雨量和穿透雨率都以二次多项式拟合最优，当 LAI 在 4~5、5~6、6~7 这几种情景时，拟合函数的决定系数 $R^2 \geq 0.70$，而 LAI 处在 3~4 之间时，降雨量对穿透雨的解释程度 R^2 只有 0.41。由此可以推论，林分冠层结构参数 LAI 在 3~4.5 时，对穿透雨率的影响最大，降雨量此时的解释程度低，而当 LAI 继续增加，冠层结构特征对穿透雨率的影响稳定。对不同降雨量级下不同水平叶面积指数下穿透雨率的多重比较结果也证明，不考虑降雨量影响时，叶面积指数超过 4 以后穿透雨率变化不显著。因此，可以将叶面积指数 4.5 作为该地区今后日本柳杉水源涵养林最优结构的参考指标。

几乎所有的研究都认为林外降雨量（非生物因素）才是林内穿透雨量的决定性因素，穿透雨率随着林外降雨量的增加先显著增大后缓慢增大并渐趋稳定，穿透雨率很大程度上取决于林外降雨量的大小（盛后财等，2016）。目前，大多数研究是以对数函数来对穿透雨率和降雨量进行模拟（周佳宁等，2014；万艳芳等，2016；董玲玲等，2018；孙忠林等，2014），也有一些研究选择用指数函数（刘泽彬等，2017；刘亚等，2016）、幂函数（盛后财等，2016；石磊等，2017）和逻辑斯蒂函数（时忠杰等，2009），这些拟合结果的整体趋势也基本符合穿透雨率的变化规律。本研究中的穿透雨率与林外降雨量的回归拟合表明，二次多项式的拟合效果最好（$R^2 = 0.67$），显示林外降雨量超过 28mm 后穿透雨率会有波动下降的趋势。这结果与盛后财等（盛后财等，2016）所得出的林外降雨量超过 20mm 后穿透雨率渐趋稳定的结论有一定的差异，主要原因有以下几个方面：第一，本研究中所观测的林外降雨事件中最大降雨量为 44mm，没有降雨量更大的降雨事件的观测，可能影响了整体曲线的拟合；第二，综合分析前人有关针叶林的研究发现，多数研究所观测的最大降雨量小于 25mm（周秋文等，2016；刘亚等，2016；盛后财等，2016；石磊等，2017；李振新等，2004），因此，导致拟合曲线末端趋稳的结果；第三，对部分观测到降雨量为 30~45mm 降雨事件的研究进行分析，发现他们的研究结果与本研究结果相似，即在林外降雨量大于 28mm 后穿透雨率有向下波动的趋势（刘泽彬等，2017；董玲玲等，2018）。可见，大降雨量时段其穿透雨率变化是复杂的。但在降雨量更大的降雨事件下（>50mm），其穿透雨率更趋于临界阈值，其变化规律更难于预测。由此，我们认为本研究的拟合曲线是可以接受的，并推论，在林冠层达到饱和后，随着降雨量的继续增加，穿透雨率会呈现一种分段波动趋稳的状态，即先增加（在 20~30mm）后下降（在 30~45mm）而后再上升至稳定期（>45mm）。

本研究对日本柳杉林内穿透雨率空间变异系数的分析发现，其与林外降雨强度没有相关性，与降雨量和叶面积指数显著相关。随着降雨量的增加穿透雨率空间变异系数减小，在降雨量大于 20mm 后，趋于稳定（15%~26%），与林外降雨量的拟合关系以幂函数效果最佳。这与其他针叶树种的研究结果一致，如六盘山华北落叶松林穿透雨率空间变异系数最终稳定在 15%（刘泽彬等，2017），杂交松（16.5%）（Fan J 等，2015），油松、兴安落叶松、青海云杉基本稳定，在 18%~22%，这主要是由于随着降雨量的增加，冠层结构特征对穿透雨的影响减弱，穿透雨趋向于空间均匀化，因此变异系数的大小取决于随机因素（刘泽彬等，2017；王云霓等，2015；石磊等，2017）。从不同叶面积指数区间内观测点平均穿透雨率空间变异系数与降雨量的关系也可以发现，在观测点处 LAI>6 以后，用降雨量对穿透雨率空间变异性的解释度降低，降雨量的解释度最高时叶面积指数处在 4~5 这个区间内。从各观测点处叶面积指数及其时间变异系数的关系可知，随着叶面积指数的增加，观测点位处的时间变异系数也增加。这与之前穿透雨率空间变异系数的分析相符，即在叶面积指数>5 后，降雨量对穿透雨率的空间变异系数的解释度降低，因为此时观测点本身的时间变异系数较大。

3.3 日本柳杉对雾水的截留特征

3.3.1 冠层参数的确定

2017 年 4 月至 2018 年 1 月共观测到>1mm 的降雨事件 90 次，根据气象记录，采用降雨前三天内无降雨的 n 次降雨事件(使树冠达到研究所需的干燥程度)为观测对象,且在没有重雾和浓雾发生,并排除穿透雨率>1 的降雨事件的情况下,共筛选出 18 次,将林外降雨量与 5 个自记式雨量计和 37 个雨量筒收集到的穿透雨平均后的数据,通过线性回归分析,分析出林冠穿透雨量与林外降雨量之间线性相关关系显著(图 3-14),回归方程为 $y=0.83x-1.16(n=18,R^2=0.97)$,因此我们得到与林冠截留相关的参数 b 值为 -1.16。

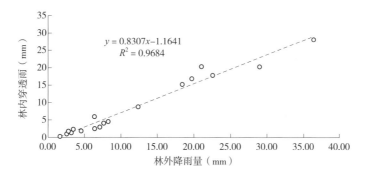

图 3-14 穿透雨与林外降雨量之间的关系

在整个观测期间,林外气象站具有连续的气象观测数据,可以同步提供单次降雨事件期间的气象变量,因此,利用"彭曼"(Penman-Monteith)方程计算降雨期间的蒸发强度 0~0.05mm/h,雨强的变化范围为 0.12~3.47mm/h,因此降雨期间日本柳杉林冠层持水能力(S)的变化范围为 1.08~1.11mm,平均值为 1.09mm。

3.3.2 树干持水能力及树干径流系数的确定

如图 3-15 所示,由于所选取的降雨事件中,部分场次未观测到树干径流,其余场次林外降雨量与树干径流量之间的线性回归方程:$y=0.05x-0.43(n=10,R^2=0.97)$,即模型参数($S_t$)中树干径流系数($P_t$)为 0.05,树干持水能力为 0.43。

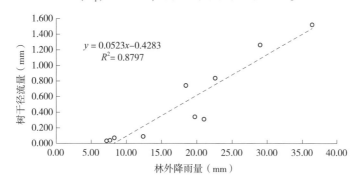

图 3-15 树干径流与林外降雨量之间的关系

3.3.3 林冠截留模拟及评价

基于连续的大气降雨观测数据,本次对日本柳杉林冠截留模拟使用 2017—2018 年的降雨场次数据,见表 3-4,模拟出林冠截留量的总值为 33.21mm,其中,冠层蒸发是降雨停止后林冠截留损失的主要过程,占总截留的 69.2%,其次为降雨过程中林冠加湿期

表 3-4 应用修正的 Gash 模型模拟值与实测值对比

指标	表达式	模拟值	实测值
林冠未饱和的 m 次降雨的林冠截留	$c\sum\limits_{j=1}^{m} P_{G,j}$	0.00	
林冠达到饱和的 n 次降雨的林冠加湿过的程	$ncP_G' - ncS_c$	0.15	
降雨停止前饱和林冠的蒸发	$qS_t + P_t\sum\limits_{j=1}^{n-q} P_{G,j}$	1.57	
降雨停止后的林冠蒸发	ncS_c	22.99	
树干蒸发，q 次降雨树干达到饱和，其余 $n-q$ 次树干未饱和	$qS_t + P_t\sum\limits_{j=1}^{n-q} P_{G,j}$	8.51	
截留总量	I	33.21	38.72
穿透雨量	$\left(1-\dfrac{E}{R}\right)(P_G - P_G') - qcS_{tc}$	176.03	169.93
树干径流量	$P_G - I_j - \left(\left(1-\dfrac{E}{R}\right)(P_G - P_G') - qcS_{tc}\right)$	4.68	5.28

(未饱和期)的截留蒸发量，占总截留量的 0.5%，以及降雨停止前饱和林冠截留蒸发量，占总截留量的 4.7%，然后是树干截留蒸发量，占总截留量的 25.6%，最后是降雨量低于林冠层饱和持水量的林冠加湿过程降雨损失量，占据总截留量 0%。因此，对于短历时小降雨事件，冠层截留量主要受到林分叶面积指数、冠层郁闭度等林分结构特征的影响(刘效东等，2016)，而对于历时长、降雨量大的降雨事件来说，除了林分结构对冠层截留有影响外，降雨期间的气象要素特征也是重要的因素。

基于实测数据，同期大气降雨、日本柳杉林内穿透雨以及树干径流量分别为 213.93mm、169.93mm、5.28mm，结合冠层水量平衡方程，林冠截留总量为 38.72mm，占总降雨量的 18.1%。基于修正的 Gash 模型，得出日本柳杉林冠截留再分配对应的穿透雨、树干径流量和林冠截留量分别为 176.03mm、4.68mm、33.21mm(表 3-4)。模拟的林冠饱和期产生的树干径流量比实测值小 0.6mm，相对误差为 11.28%。穿透雨量的模拟值比实测值高 6.1mm，相对误差为 3.59%。而实测的林冠截留总量比模拟值高 5.5mm，相对误差为 14.22%。如图 3-16 所示，实测林冠截留量与模拟值进行回归分析，得到方程 $y = 0.6951x + 0.378$($R^2 = 0.9978$)，表明修正的 Gash 模型对日本柳杉林冠层的降雨截留量的模拟效果较好。

3.3.4 庐山云雾截留量对净降水的贡献

将修正的 Gash 模型运用到整个观测期内每场降雨，因模型模拟的前提假设是在降雨期间未受到云雾影响，因此我们通过期间穿透雨与茎干流的实际观测值与模拟值的差异可以计算获得云雾截留对净降雨的贡献，该方法在许多云雾研究中使用。

如表 3-5 所示，观测期间气象观测站共监测到降雨场次 122 次，累计降雨总量为 1537.23mm，日本柳杉林内穿透雨量为 1464.45mm，树干径流总量 46.34mm，累计净降雨

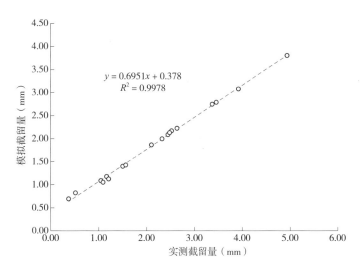

图 3-16　林冠截留模拟值与测值之间的关系

表 3-5　每月冠层水分平衡

月份	林外降雨量（mm）	穿透雨量（mm）	树干径流量（mm）	穿透雨量模拟（mm）	树干径流量模拟（mm）	截留量模拟（mm）	净降雨中云雾截留（mm）	净降雨中降雨的部分（mm）	冠层截留中云雾截留部分（mm）	云雾截留总量（mm）
4	159.78	154.39	4.47	139.88	4.15	15.75	14.84	144.03	0.49	15.33
5	192.78	191.40	5.77	173.38	5.29	14.11	18.50	178.67	1.43	19.93
6	356.05	352.66	11.14	315.72	10.38	29.94	37.69	326.11	4.23	41.92
7	320.70	304.72	11.75	299.44	11.40	9.86	5.64	310.84	3.3	8.94
8	269.03	253.01	8.71	242.68	8.25	18.10	10.79	250.93	3	13.79
9	99.95	92.19	2.47	85.49	2.17	12.29	7.00	87.66	0.37	7.37
10	35.80	27.10	0.67	27.02	0.56	8.22	0.19	27.58	0.57	0.76
11	35.38	29.20	0.37	24.90	0.26	10.22	4.41	25.16	1.05	5.46
12	34.00	29.88	0.34	26.86	0.22	6.91	3.13	27.09	0.33	3.46
1	33.78	29.90	0.63	26.20	0.58	7.00	3.76	26.77	0.79	4.55
总计	1537.23	1464.45	46.34	1361.58	43.27	132.38	105.94	1404.84	15.56	121.50

总量为 1510.79mm；降雨对柳杉林内穿透雨的贡献量为 1361.58mm，对树干径流的贡献量为 43.27mm，因此降雨对净降雨总量的贡献量为 1404.84mm；云雾截留总量为 121.50mm，其中，云雾截留对净降雨的贡献量为 105.94mm，穿透雨和树干径流量的贡献分别为 102.87mm 和 3.07mm，冠层截留蒸发量为 15.56mm。

如表 3-6 所示，在不考虑雨雾截留量的情况下，柳杉林内穿透雨率为 95%，茎干流率为 3%，净降雨量占林外降雨量的 98%，远大于模型校正期间无云雾发生时的穿透雨率 79%，同时也显著高于前人研究中针叶林穿透雨率和树干径流率（石磊等，2017；刘建立等，2009）。因此，我们认为云雾截留在柳杉林内降水再分配中起着重要作用。

当考虑云雾截留量的影响时，观测期间庐山日本柳杉林云雾截留总量占林外降雨量的

表 3-6　每月冠层水分平衡比例

月份	CWI/RF	TF/RF	SF/RF	(TF+SF)/RF	CWI/(RF+CWI)	TF/(RF+CWI)	SF/(RF+CWI)	(TF+SF)/(RF+CWI)	(TF+SF)$_{RF}$/(TF+SF)	(TF+SF)$_{CWI}$/(TF+SF)	(TF+SF)$_{RF}$/RF	(TF+SF)$_{CWI}$/CWI
4	0.10	0.97	0.03	0.99	0.09	0.88	0.03	0.91	0.91	0.09	0.90	0.97
5	0.10	0.99	0.03	1.02	0.09	0.90	0.03	0.93	0.91	0.09	0.93	0.93
6	0.12	0.99	0.03	1.02	0.11	0.89	0.03	0.91	0.90	0.10	0.92	0.90
7	0.03	0.95	0.04	0.99	0.03	0.92	0.04	0.96	0.98	0.02	0.97	0.63
8	0.05	0.94	0.03	0.97	0.05	0.89	0.03	0.93	0.96	0.04	0.93	0.78
9	0.07	0.92	0.02	0.95	0.07	0.86	0.02	0.88	0.93	0.07	0.88	0.95
10	0.02	0.76	0.02	0.78	0.02	0.74	0.02	0.76	0.99	0.01	0.77	0.25
11	0.15	0.83	0.01	0.84	0.13	0.72	0.01	0.72	0.85	0.15	0.71	0.81
12	0.10	0.88	0.01	0.89	0.09	0.80	0.01	0.81	0.90	0.10	0.80	0.90
1	0.13	0.89	0.02	0.90	0.12	0.78	0.02	0.80	0.88	0.12	0.79	0.83
总计	0.08	0.95	0.03	0.98	0.07	0.88	0.03	0.91	0.93	0.07	0.91	0.87

注：CWI 云雾截留量；RF 降雨量；TF 穿透雨量；SF 茎干流量；(TF+SF)RF 受降雨影响的净降雨量；(TF+SF)$_{CWI}$ 受云雾影响的净降雨量。

8%，而云雾截留量和林外降雨量在总降水量中的占比分别为 7% 和 93%，而它们转化为净降水的比例分别为 87% 和 91%；柳杉林穿透雨率为 88%，茎干流率为 3%，净降雨量占总降水量的 91%，其中，受降雨影响的净降雨量占 93%，受云雾截留影响的占 7%，该结果与前人大部分关于针叶林降雨再分配的研究结论相比仍然偏大(时忠杰等，2009)。我们认为这主要是由于两个方面的因素导致的，首先是云雾对环境因素的影响，云雾其间大气相对湿度常常处于过饱和状态，同时云雾导致太阳辐射显著减小，研究期内太阳净辐射超过 100w/m^2 的时候极少，导致蒸发速率降低；另外，雨雾同期导致柳杉林冠层叶片常常处于湿润状态，从而使得降雨期间冠层截留量减小，两个方面综合作用使得研究区柳杉林穿透雨率较大。

如图 3-17 所示，庐山日本柳杉林云雾截留总量的最大值出现在 6 月，最低值出现在 10 月；按照季节划分发现，春季云雾截留量最大，秋冬季最低，夏季居中。而从云雾截留总量与降雨量比值的月变化来看，7~10 月显著小于其他月份。对庐山云雾及降水的日、季节变化特征的研究发现，庐山云雾与降雨具有极高的相关性，低能见度伴有降水的平均概率达到 68%，因此降雨次数越多，出现浓雾的概率也就越大；其次，研究还指出，庐山夏季云和雾天数最少，风速大且以偏南风为主，水汽易扩散不易凝结，而秋、冬、春三个季节云雾发生频率更高。因此，根据云雾截留总量及其与降雨量比值的时间分布特征，我们认为日本柳杉林云雾截留量受到降雨特征和雾特征的综合影响，降雨次数越多雾浓度越大，云雾截留量越大，夏季主要受到雾浓度的限制，导致云雾截留量与降雨量的比值低，而秋、冬季受降雨次数的限制，云雾截留总量偏低(郭丽君等，2019)。

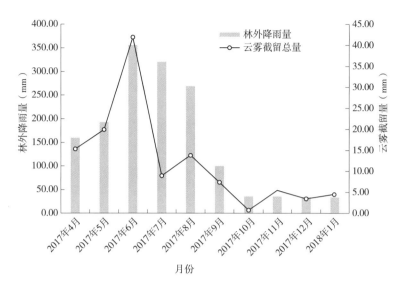

图 3-17　降雨量与云雾截留总量的月动态

3.4　日本柳杉雾水利用特征

3.4.1　截留雾水同位素特征

对研究期内（2020 年 6~12 月）大气降水和截留雾水同位素特征进行分析（图 3-18）发现，庐山大气降水同位素变化幅度较大，δD 范围为 $-111.9‰ \sim -31.19‰$，$\delta^{18}O$ 范围为 $-19.49‰ \sim -9.87‰$，相比于中国大气降水中的 δD（$-210.0‰ \sim 20.0‰$）和 $\delta^{18}O$（$-24.0‰ \sim$

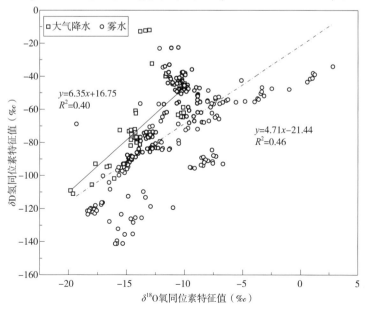

图 3-18　截留雾水 δD、$\delta^{18}O$（‰）特征

2.0‰），庐山大气降水的氢氧稳定同位素比值的变化范围在该范围内。根据 δD 和 $\delta^{18}O$ 同位素特征，得到研究期大气降水线方程为：$\delta D = 6.35\ \delta^{18}O + 16.75\ (n = 42,\ R^2 = 0.40)$。

截留雾水氢氧同位素整体分布于大气降水的右下方，δD 范围为$-141‰ \sim -22.54‰$，$\delta^{18}O$ 范围为$-19.33‰ \sim 2.79‰$，超过研究期当地降水同位素组成变化范围；截留雾水线方程为：$\delta D = 4.71\ \delta^{18}O - 21.44\ (n = 253,\ R^2 = 0.46)$，相对于大气降水线来说，斜率和截距均偏小。这可能有几个方面的原因，首先研究区雾水一部分直接来源于本地大气降水，还有一部分是来源于由大气降水补充的土壤水以及植物蒸腾水分，而土壤水分和植物水分相对大气降水更为富集，它们也是分布在大气降水线的右下方；其次是由于庐山雾水在多数情况下为来自山前平原的平流雾，这些平流雾在气压的作用下从低海拔区爬升至高海拔，而低海拔区同位素组成相对于高海拔区更为富集，因此这些共同导致了截留雾水的更为富集，且变化范围更大。

3.4.2　林冠截留雾水与土壤水的关系

通过分析发现，森林雾水截留过程显著影响了林内土壤水分同位素组成出现差异性变化，在雾过程期间同一土层之间的并没有显著的变化，而不同土层之间呈现出显著的差异，而且这种差异性高随着雾过程进行发生明显的变化。如图 3-19 所示，在雾过程发生前期，枯落物层和 0~20cm 土壤层水分同位素组成的差异不显著，它们与深层 20~50cm 土壤层的存在显著的差异；在雾过程中期，枯落物层和 0~10cm 土壤层水分同位素组成差异不显著，而与深层 10~50cm 的差异显著，通过分析可以发现，这主要是由于表层 0~5cm 土壤水分受到雾水补给，同位素值相对于 10~20cm 土层的更加富集，因而改变了之前的土壤层的同位素分布格局；在雾过程后期，我们发现 5~10cm 和 10~20cm 土层的同

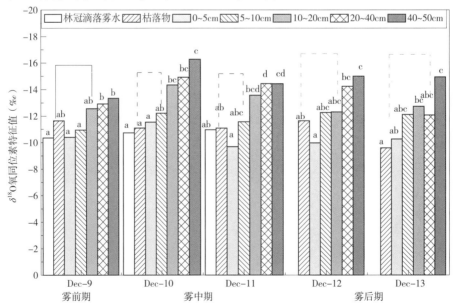

图 3-19　雾事件不同时期各个组分的 $\delta^{18}O$(‰) 特征

注：雾前期 Dec-9；雾中期 Dec-10 至 Dec-11；雾后期 Dec-12 至 Dec-13。

位素组成逐渐趋于一致，说明土壤水分的入渗过程导致土层同位素分布格局与雾前的相同（Dec-12），即枯落物层和 0~20cm 土层同位素组成差异不显著；但是在雾过程结束之后的第二天（Dec-13），枯落物层的蒸发作用导致其同位素组成发生明显的富集，而同时土壤水分的入渗至 20~40cm 土层，因此会发现 0~40cm 土壤层水分同位素组成差异不显著。因此，我们认为雾过程期间枯落物层和土壤层受到雾水补给影响，而且这种影响在深层土壤（20~40cm）也会有响应。雾水通过森林的截留作用滴落进入土壤，并随土壤水分入渗过程补给深层土壤水分，因此我们推测雾水可能会深入地参与森林生态系统的水分循环过程，可能会补给地下水分，这需要进一步的实验和分析。

3.4.3　日本柳杉林水分利用来源判断

氢氧稳定同位素组成作为水的"指纹"，在水分循环过程中常常被用来追踪水分运动的路径。我们通过野外采集日本柳杉在雾过程期间各种可能的水分来源样品，基于他们的同位素组成，对柳杉林水分利用来源进行初判。在传统的研究方法中，常常使用稳定氧同位素组成来判断，实际运用中，有的研究者采用氧同位素，也有的研究者采用氢同位素，主要是基于采样期间的环境条件，如在雨季或降水频繁的地区，使用氢同位素更有利于迅速做出判断；同时，最近被大家广泛认同的贝叶斯混合模型，同时，使用了这两种同位素，因此本文分别采用这两种方法进行初判。

如图 3-20 所示，通过分析不同样品氢氧稳定同位素分布特征，我们发现柳杉植物茎干水分同位素组成在采样期间变化不大（变化范围 δD 为 -97.74‰ ~ -57.55‰、$\delta^{18}O$ 为 -16.35‰ ~ -10.69‰），分布相对集中；无论是滴落雾水还是装置收集雾水都呈现集中分布状态，相对于土壤水和植物水来说，更加富集，且滴落雾水相对于装置雾水更为富集，特别是氢同位素组成。土壤水分同位素组成随着土层深度的增加也呈现出明显的分区分

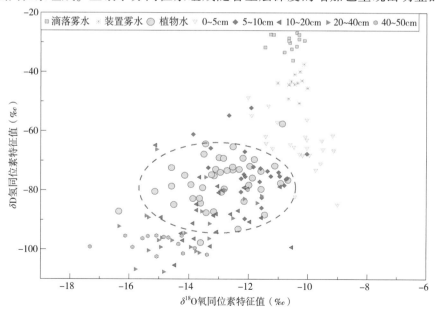

图 3-20　基于氢氧双稳定同位素判定柳杉林主要水分利用来源

布。从整体的同位素组成的分布格局来看，柳杉植物茎干水分的同位素组成主要与土壤 5~10cm 和 10~20cm 土层分布区的重叠，同时也与土壤 20~40cm 土层分布区的有少量交集。因此，我们可以初判：柳杉林在采样期间的主要水分利用来源为 5~20cm 土层土壤水分，并没有发现柳杉通过叶片吸收雾水的直接证据。

如图 3-21 所示，基于柳杉林植物茎干水分氢同位素组成与不同水源氢同位素组成变化

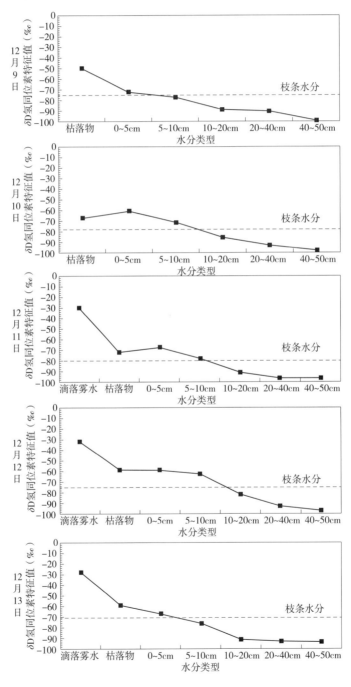

图 3-21 基于氢稳定同位素判定柳杉林主要水分利用来源

曲线的交点分析可以发现，在采样期内(12月9~13日)，交点位置相对比较稳定，始终在土壤5~10cm 土层附近位置上下移动，因此我们可以判定植物应该更偏向于利用5~10cm 土层水分，同时 0~5cm 和 10~20cm 土层土壤水分也有一定的贡献。而林冠层截留雾水与枝条水分具有显著的差异，且不在交点临近的区间内，因此可以判定，柳杉未通过叶片直接吸收截留的雾水。

3.4.4 不同水源对日本柳杉林水分利用的贡献

植物通过根系吸收水，水分通过蒸腾拉力作用运输到植物的其他组织和器官。在水分运输的过程中，我们有三个假设：第一，植物通过根系吸收水分，在水分从土壤进入到根系的过程中不会发生同位素的分馏；第二，水分在植物体内运输，在其到达叶片之前，没有发生同位素的分馏；第三，遵循同位素质量守恒理论。在这三个假设成立的条件下，利用多元线性混合模型(Isosource)，分析了不同土层对柳杉水分利用的贡献率。

通过上文利用植物茎干水和土壤水同位素直接对比初判水分来源方法，我们得到 0~20cm 土层土壤为可能的主要来源的结论，基于它们对植物水分利用贡献率的结果，我们发现在研究期内，如图 3-22 所示，0~20cm 土层土壤水分 5 天的贡献率分别为 93.6%、69.9%、75.7%、71.4%和92.3%，进一步证明了表层土壤水分在这一时期为柳杉水分利用的重要来源。柳杉这种水分利用模式可能与其根系分布、土壤含水量以及土壤养分状况有关，下一步我们将继续深入研究和分析。

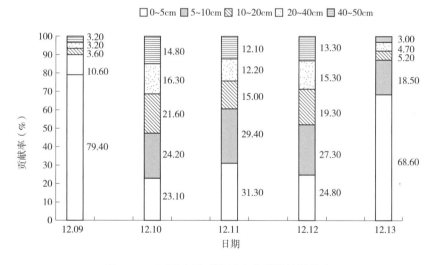

图 3-22 不同土层对柳杉水分利用的贡献率

主要参考文献

曹云，黄志刚，欧阳志云，等，2006. 湖南省张家界马尾松林冠生态水文效应及其影响因素分析[J]. 林业科学，2006(12)：13-20.

曹云，黄志刚，郑华，等，2008. 杜仲林下穿透雨时间及空间分布特征[J]. 中南林业科技大学学报，28(06)：19-24.

董玲玲，康峰峰，韩海荣，等，2018. 辽河源 3 种林分降雨再分配特征及其影响因素[J]. 水土保持学报，32(04)：145-150.

郭丽君，郭学良，楼小凤，等，2019. 庐山云雾及降水的日、季节变化和宏微观物理特征观测研究[J]. 气象学报，77（05）：923-937.

李振新，郑华，欧阳志云，等，2004. 岷江冷杉针叶林下穿透雨空间分布特征[J]. 生态学报，2004（05）：1015-1021.

刘建立，王彦辉，于澎涛，等，2009. 六盘山叠叠沟小流域华北落叶松人工林的冠层降水再分配特征[J]. 水土保持学报，23（04）：76-81.

刘效东，龙凤玲，陈修治，等，2016. 基于修正的 Gash 模型对南亚热带季风常绿阔叶林林冠截留的模拟[J]. 生态学杂志，35（11）：3118-3125.

刘亚，阿拉木萨，曹静，2016. 科尔沁沙地樟子松林降雨再分配特征[J]. 生态学杂志，35（08）：2046-2055.

刘泽彬，王彦辉，邓秀秀，等，2017. 六盘山华北落叶松林下穿透雨空间变异特征[J]. 生态学报，37（10）：3471-3481.

裴承敏，王云琦，张守红，等，2018. 重庆缙云山毛竹林次降雨再分配特征及穿透雨的空间异质性[J]. 水土保持学报，32（05）：202-207.

盛后财，蔡体久，俞正祥，2016. 大兴安岭北部兴安落叶松（*Larix gmelinii*）林下穿透雨空间分布特征[J]. 生态学报，36（19）：6266-6273.

石磊，盛后财，满秀玲，等，2017. 兴安落叶松林降雨再分配及其穿透雨的空间异质性[J]. 南京林业大学学报（自然科学版），41（02）：90-96.

时忠杰，王彦辉，熊伟，等，2006. 单株华北落叶松树冠穿透降雨的空间异质性[J]. 生态学报，26（09）：2877-2886.

时忠杰，王彦辉，徐丽宏，等，2009. 六盘山华山松（*Pinus armandii*）林降雨再分配及其空间变异特征[J]. 生态学报，29（01）：76-85.

孙忠林，王传宽，王兴昌，等，2014. 两种温带落叶阔叶林降雨再分配格局及其影响因子[J]. 生态学报，34（14）：3978-3986.

万艳芳，刘贤德，王顺利，等，2016. 祁连山青海云杉林冠降雨再分配特征及影响因素[J]. 水土保持学报，2016（05）：224-229.

王磊，孙长忠，周彬，2016. 北京九龙山不同结构侧柏人工纯林降水的再分配[J]. 林业科学研究，29（05）：752-758.

王云霓，王晓江，高孝威，2018. 单株华北落叶松树冠穿透雨的空间异质性. 内蒙古林业科技，44（01）：33-36.

周彬，韩海荣，康峰峰，等，2013. 太岳山不同郁闭度油松人工林降水分配特征[J]. 生态学报，33（05）：1645-1653.

周佳宁，王彬，王云琦，等，2014. 三峡库区典型森林植被对降雨再分配的影响[J]. 中国水土保持科学，2014（04）：28-36.

周秋文，颜红，马龙生，等，2016. 喀斯特地区典型针叶林的降雨截留分配效应[J]. 生态科学，35（06）：140-145.

BARBIER S, BALANDIER P, GOSSELIN F, 2009. Influence of several tree traits on rainfall partitioning in temperate and boreal forests: a review[J]. Ann Forest Sci, 66(6): 602.

FAN J, OESTERGAARD K T, GUYOT A, et al., 2015. Spatial variability of throughfall and stemflow in an exotic pine plantation of subtropical coastal Australia[J]. Hydrol Process, 29(5): 793-804.

第四章　庐山日本柳杉林的小气候特征

气候因子是影响林木生长的重要因素，树木各组织器官的生长发育、光合蒸腾等生理活动和干物质的累积均受气候因子的影响(杨铭伦等，2021；任启文等，2018)，森林下层的小气候对森林生态系统的演替和地面分解等具有重要的中介作用(Burnett et al.，2019)。小气候的形成是森林中多种因素相互影响的结果(董金伟等，2017)，小气候因子的时空动态影响着树木的生长发育(王霞等，2017)。同时，随着林木的不断生长，森林通过改变水、热的分配导致小气候因子发生重新组合而反过来影响小气候的形成(陈文盛等，2022；吴家兵等，2005)。探讨森林小气候的变化规律，对森林生态价值的评估意义重大(李洁等，2020)。

庐山东临鄱阳湖、西北接长江，是三面面向平地一面邻湖的孤山，具有独特的小气候特征。日本柳杉是我国山地主要的造林树种之一，(Bi et al.，2007)，目前对于日本柳杉的培育研究较多，而对林内的气候及群落稳定性研究较少(唐兴港等，2022)，为此，进行庐山日本柳杉林小气候特征的研究对探讨日本柳杉林生产力的形成机理具有重要的作用。

本章主要对日本柳杉林内空气温湿度、土壤温湿度、风速的时间变化和垂直变化特征进行分析。对日本柳杉林空气温湿度的日变化、年变化分析采用的是林内 2017 年 1 月至 2018 年 12 月 1.5m 高处的温湿度监测数据；对空气温湿度、风速的垂直变化特征分析采用的是 2020 年 8 月至 2021 年 12 月综合观测塔 0.2m、2m、10m、22m、36m 的监测数据。由于庐山常年湿度较大，观测期间 2021 年 4～10 月温湿度传感器因受潮损坏，而没有收集到整个夏季的数据。本章中夏季的数据用 2020 年 8 月监测的结果进行说明。

4.1　日本柳杉林内空气温湿度的变化特征

4.1.1　林内空气温湿度的时间变化特征

(1)空气温度的时间变化特征

如图 4-1 所示，日本柳杉林内年平均气温为 13.3℃，7 月份平均气温最高，为 24.1℃，1 月份平均气温最低，为 1.1℃。林内气温年变化、日变化均呈单峰型变化特征。林内日最高气温出现在 15：00～17：00 时，林内最低气温出现在日出前后 5：00～7：00时。

林内气温日较差平均为 3.8℃，气温年较差为 23 ℃。林内极端最低温度出现在 1 月份，观测期间日本柳杉林内极端最低气温为 - 8.8℃，比庐山气象站同期最低温度高 4.4℃。

日本柳杉林内空气温度随高度的变化而变化。本研究对 0.2m 贴地层(内边界)、2m(林下)、10m、22m(冠层)和 36m 5 个高度进行温湿度观测，结果如图 4-2 所示。

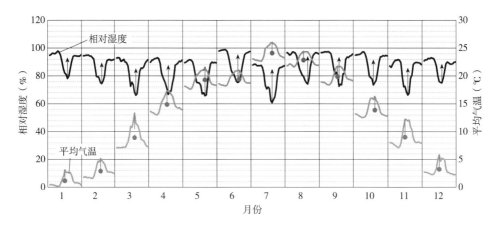

图4-1 庐山日本柳杉林内空气温湿度的时间变化特征

(浅灰线为空气温度月平均日变化曲线,黑线为相对湿度月平均日变化曲线,圆点为月平均气温,箭头为月平均相对湿度)

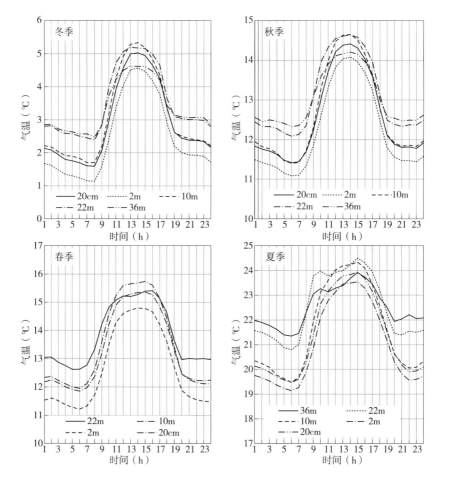

图4-2 不同季节日本柳杉林不同高度气温的日变化特征

从图4-2可知,冬季庐山日本柳杉林各层最低温度出现在8时,最高气温出现在14~

15 时；秋季最低气温则出现在 6 时，最高气温出现在 14 时；春季最低气温出现在 7 时，最高气温出现在 14~17 时；夏季最低温度出现在 6 时，最高气温出现在 15 时。10m 高处气温日较差最大，36m 高处气温日较差最小。四季的日本柳杉林内均是 2m 处的气温最低。

（2）空气湿度的时间变化特征

日本柳杉林内湿度较高，林内空气相对湿度变化范围为 61%~100%。日本柳杉林内空气湿度日变化与气温日变化呈相反的变化特征，空气湿度最低值出现在温度最高的时候 15：00~17：00 时，最高值则出现在温度最低的时候 5：00~7：00 时。但林内相对湿度的年变化特征不明显。月平均相对湿度在 85%~96%。月平均相对最低湿度出现在 7 月份，为 85%；月平均相对最高湿度出现在 6 月份，为 96%，这可能与 6 月份梅雨锋与地形降雨较多有关，如图 4-3 所示。

如图 4-3 所示不同高度的相对湿度随时间变化曲线呈 U 形分布，36m 的相对湿度最

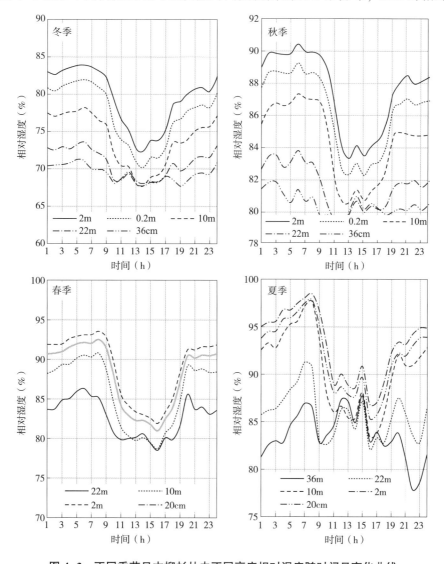

图 4-3　不同季节日本柳杉林内不同高度相对湿度随时间日变化曲线

低，最高相对湿度出现在2m处。一天中6时相对湿度最高，冬季最低相对湿度出现在14时，最高湿度出现在6时；而秋季最低相对湿度出现在12时，最高相对湿度也出现在6时。随高度的升高，相对湿度日变幅缩小。秋季相对湿度的日变幅高于冬季。

不同季节日本柳杉林内春夏季的相对湿度高于秋、冬季。冬、春季节林内空气相对湿度日变化特征明显，与温度日变化呈相反的变化特征。林冠以下的空气相对湿度变化特征明显呈典型的U形日变化特征。四季林内2m处的空气相对湿度最高，其次是20cm的贴地层空气相对湿度，22m和36m处由于受高空气流的影响较大，22m和36m处的相对湿度的日变化特征不明显，呈波浪形，且空气相对湿度较低。

4.1.2 林内空气温湿度的垂直变化特征

（1）林内空气温度的垂直变化特征

如图4-4所示林内四季空气温度垂直变化特征相似，均呈L形，气温随高度的变化情

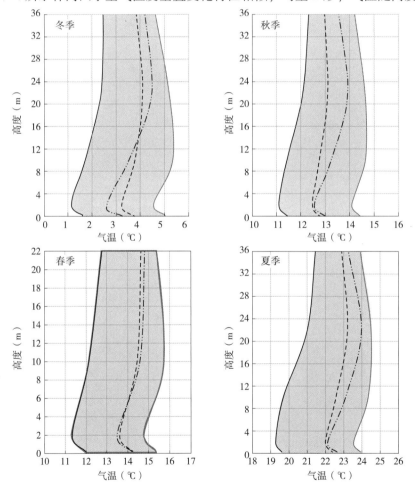

图4-4 日本柳杉林气温随高度的日变化曲线

注：——的线代表15时的气温垂直分布曲线；–··–的线为10时气温垂直分布曲线；– – –的线为18时的气温垂直分布曲线；——的线为7时的气温垂直分布曲线。

况基本一致。2m 高处的气温最低，0.2m 至 2m 的随高度增加温度降低。2m 以上高度的气温随高度的变化特征在白天与夜间不一样。7 时至 18 时随着太阳辐射的增强，2m 至 36m 高处，下部气温随高度的升高而升高，上部随高度的升高而降低，气温变化的转折点白天 7 时至 15 时由上向下转移至 10m 处，15 时至 18 时由下向上转移至 22m 处。19 时至次日 6 时 2m 以上气温随高度的增加而升高。

因此，日本柳杉林气温的垂直分布特征为：日出前后，由于夜间的辐射降温，在 2m 处气温达到最低。日出后，下垫吸收太阳辐射增强，林内气温随之升高，至 15 时达到最高，气温的垂直分布呈 2m 以下随高度的升高而降低，2m 至 10m 随高度的升高而升高，10m 至 36m 随高度的升高而降低的分布特征；15 时之后，随着太阳辐射减弱，下垫面辐射降温，林内气温降低，气温垂直变化的转折点由下向上转移，18 时至次日 6 时，气温的垂直分布呈 2m 以下随高度的升高而降低，2m 至 36m 随高度的升高而升高的分布特征。林内全年存在逆温层，温度层结稳定，湍流运动相对较弱。这主要是因为庐山日本柳杉林冠层覆盖度大，白天对太阳辐射的遮蔽作用很强，到达林内的太阳辐射随着冠层深度的加深快速减少，冠层得到的辐射多，所以 10~22m 位置温度较高，而晚上由于辐射冷却，越靠近地面温度越低。

（2）林内空气湿度的垂直变化特征

如图 4-5 所示，相对湿度随高度的变化曲线与气温随高度的变化曲线刚好相反，呈反向 L 形分布。相对湿度以 2m 处为最高，36m 处为最低。2m 以上空气湿度随高度的增加逐渐降低，日出前后，空气湿度随高度的增加降低幅度较大，受到地面辐射冷却的影响，越靠近地面，空气相对湿度越高，越高空气相对湿度越低；随着太阳辐射的增强，下垫面蒸发的水汽不断向上转送，上下的相对湿度差越来越小，到午后 14~15 时，随高度增加，空气湿度下降的幅度达到最低。

不同季节，庐山日本柳杉林空气湿度随高度变化的变化幅度以冬季最高，其次为夏季，春、秋季的变化较小。

4.2 日本柳杉林内土壤温湿度的变化特征

4.2.1 林内土壤温湿度的时间变化特征

（1）土壤温度的日变化特征

如图 4-6 所示庐山日本柳杉林不同深度的土壤温度日变化特征差异较大。5~30cm 浅层土壤温度受太阳辐射影响较大，日变化特征明显；日出后，随着太阳辐射的增强，土壤层的辐射收入大于支出，温度逐渐升高，到 15 时至 16 时达到最高，然后随着太阳辐射的减弱，土壤层的辐射收入小于支出，土壤温度逐渐降低，到日出前后，出现最低值。因此，庐山日本柳杉林土壤温度一天出现 1 个最高值和 1 个最低值。而随着土壤深度越深，最高温度与最低温度出现的时间后延，15cm 较 5cm 向后延 2 个小时，30cm 较 15cm 向后延 2 小时。50cm 以下土壤温度的日变化特征不明显。5cm 土壤温度最高温度出现在 15~16 时，最低温度出现在 7~9 时；15cm 土壤最高温度出现在 18 时，最低温度出现在 9~11 时；30cm

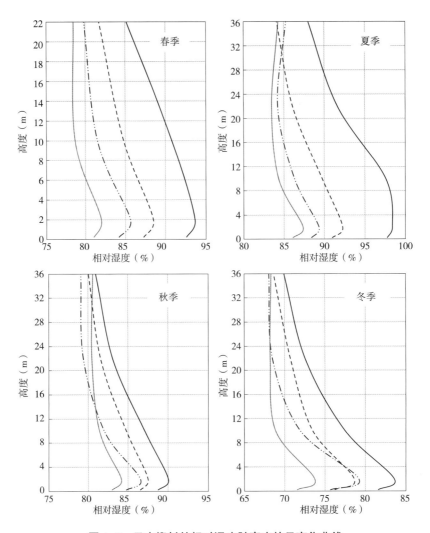

图 4-5　日本柳杉林相对湿度随高度的日变化曲线

注：——线代表 15 时的相对湿度垂直分布曲线；—·—的线为 10 时相对湿度垂直分布曲线；
－－－的线为 18 时的相对湿度垂直分布曲线；——的线为 7 时的相对湿度垂直分布曲线。

土壤最高温度出现在 20~21 时，最低温度出现在 11~13 时。冬季 30cm 的土壤温度的日变化特征也不明显。

春、夏季不同深度的土壤温度 5cm>15cm>30cm>50cm>70cm；秋、冬季节则是刚好相反，70cm>50cm>30cm>15cm>5cm。土壤温度的日较差随着深度的增加而减小，到了一定的深度较差几乎为零，称为恒温层。土壤温度的恒温层随季节、纬度和土壤热特性的影响，庐山日本柳杉林土壤恒温层春、夏、秋季在 50cm 左右，冬季在 30cm 左右。

（2）土壤湿度日变化特征

如图 4-7 所示庐山日本柳杉林土壤湿度的日变化特征不明显。春季 5cm、15cm、30cm、50cm、70cm 等 5 个不同深度土壤湿度的平均日变幅分别为 0.2%、0.2%、0.4%、0.1% 和 0.5%；夏季 5 个不同深度土壤湿度的平均日变幅分别为 0.8%、0.6%、1%、

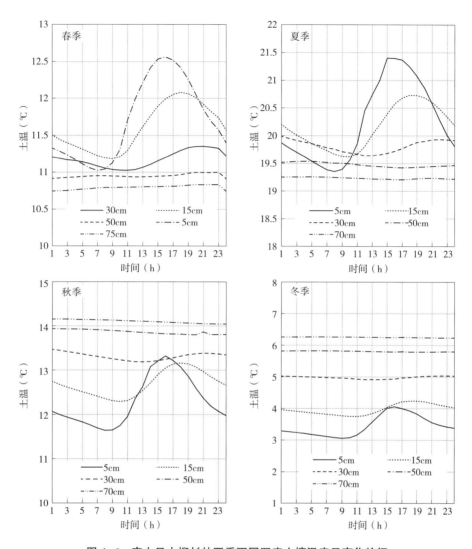

图 4-6 庐山日本柳杉林四季不同深度土壤温度日变化特征

0.9%和1.3%；秋季则分别为0.4%、0.1%、0.3%、0.3%和0.6%；冬季分别为0.2%、0.1%、0.3%、0.5%和0.5%。春季的土壤湿度平均日变幅最小。

不同深度的土壤湿度也会随季节发生变化。四季日本柳杉林皆以15cm深处土壤湿度最高。春、夏、秋、冬四季5个深度的土壤湿度范围分别为36.1%~47.5%、22.3%~39.7%、27.2%~40.8%、22.8%~40.3%，土壤湿度平均分别为40.7%、31.4%、35.5%、32.9%。其中，不同深度中15cm土壤湿度最高，其次为50cm土壤，70cm土壤湿度最低。

4.2.2 林内土壤温湿度的垂直变化特征

（1）土壤温度垂直变化特征

土壤温度的垂直变化特征如图4-8所示。春季与夏季的土壤温度随深度变化的特征相似，秋季与冬季的土壤温度随深度变化的特征相似。

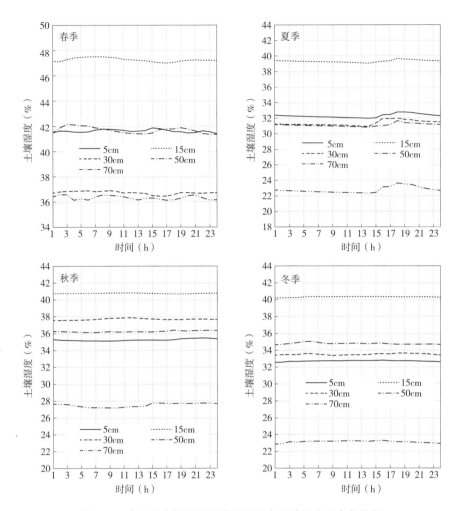

图 4-7 庐山日本柳杉林四季不同深度土壤湿度日变化特征

春、夏季，土壤温度随深度变化的特征总体上是上层温度高于下层温度。30cm 以下土壤温度随深度的增加温度降低，呈日射型变化特征；而 30cm 以上土壤温度受太阳辐射、湍流和蒸发的影响，7 时 5cm 至 15cm 土层，随深度的增加土壤温度升高，15cm 以下土壤温度随深度的增加温度降低，属过渡型分布特征。随着太阳辐射的增加，地面温度升高，土壤温度随深度变化的转折点逐渐下移，并消失，10 时至 11 时，土壤温度随深度的变化特征转变为随深度的增加土壤温度逐渐降低的典型日射型变化特征。这种分布类型一直维持到 17 时至 18 时左右。18 时至次日 10 日，属过渡型分布特征。春、夏季土壤温度的垂直分布特征不存在典型的辐射型分布特征。

秋、冬季，上层土壤温度则低于下层土壤温度。土壤温度随深度的变化特征与春、夏季相反。18 时至次日 10 时，土壤温度随深度增加而增加，属典型的辐射型分布特征。10时至 17 时，土壤温度随深度的变化特征属过渡型分布特征。上层土壤温度呈随深度的增加而降低的分布特征，下层土壤温度则呈随深度增加而增加的分布特征。秋冬季不存在典型的日射型分布特征。

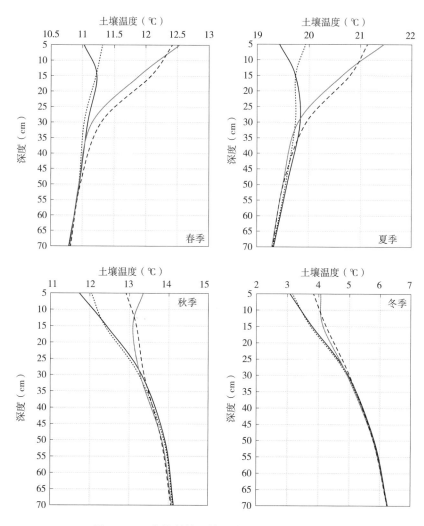

图 4-8　日本柳杉林土壤温度随深度的变化特征

注：——的线代表 15 时；—·-的线为 10 时；- - -的线为 18 时；——的线为 7 时。

（2）土壤湿度垂直变化特征

土壤湿度的垂直变化特征如图 4-9 所示。土壤湿度随深度变化的特征不明显，总体上呈上层高下层低的分布特征。其中，春季土壤湿度高于其他三季。春夏季的土壤湿度随深度变化的波动高于秋冬季节。土壤湿度随深度变化的波动的时间差异性较小。

春季，15cm 土层的土壤湿度最高，其次是 5cm 和 50cm 土层的土壤湿度，土壤湿度最低的是 70cm 的。夏季则不一样，最高的仍然为 15cm 的，其他依次为 5cm、30cm、50cm和 70cm 的；秋季的土壤湿度大小顺序为 15cm>30cm>50cm>5cm>70cm 的；冬季的土壤湿度顺序则为 15cm>50cm>30cm>5cm>70cm 的。

其中 15cm 土层土壤湿度最高，可能与日本柳杉林 15cm 深处的土壤所含的腐殖质较多有关系。春、夏季 5cm 土层土壤湿度相对较高，主要原因是庐山的降水主要集中在春、夏季，在 5cm 处土壤湿度高于更深层土壤湿度。由于林内的湍流和土壤浅层的蒸发要强于深

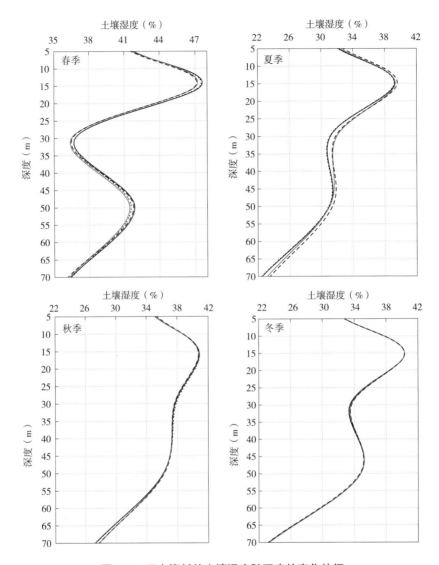

图 4-9　日本柳杉林土壤湿度随深度的变化特征

注：——的线代表 15 时；—···的线为 10 时；---的线为 18 时；——的线为 7 时。

层，造成 5cm 土层土壤湿度低于 15cm 的。秋冬季节，5cm 处的土壤湿度低于 30cm 和 50cm 处的土壤湿度。

4.3　日本柳杉林内风速的变化特征

4.3.1　林内风速的时间变化特征

如图 4-10 所示，日本柳杉林内风速的变化受季节的影响。春、夏季温度高，湍流强于秋、冬季，风速的日变化特征较秋、冬季明显。另外，春、夏季节 10m 处的风速最低，22m 处的风速最高；秋、冬季节则为 0.2m 处风速最低，22m 处风速最高。四季风速的日

变化特征为白天的风速大于夜间的风速，一天中风速较大出现于温度最高的时刻 13～17
时；随高度的升高，日变化幅度越大。

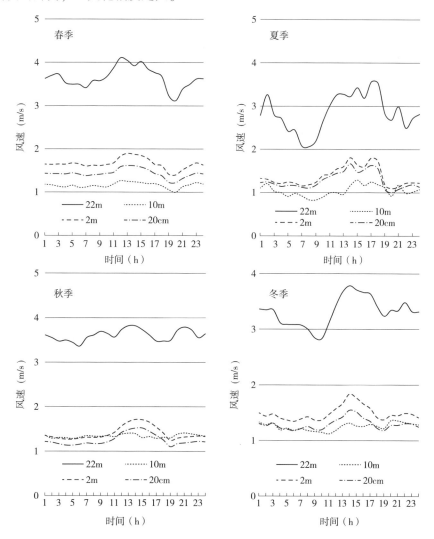

图 4-10　庐山日本柳杉秋冬季节不同高度风速随时间的变化特征

4.3.2　林内风速的垂直变化特征

如图 4-11 所示，庐山日本柳杉林风速随高度的分布曲线呈 S 形，总体上随高度的增加，风速增大。四季风速皆以 10m 高处的为最小，随海拔的升高风速增大，22m 处风速最大。春、夏、秋、冬季四季 10m 以上海拔每升高 1m 风速分别增大 0.25 m/s、0.15 m/s、0.19 m/s、0.17 m/s，说明春季风速随高度的增加变化最大。2m 至 10m 处风速则随高度增加，风速则下降。2m 至 10m，随高度的增加，越接近冠层，受到树冠的影响较大，风速越小。2m 以下，则越靠近地面，受林下植被的影响更大，风速越小。

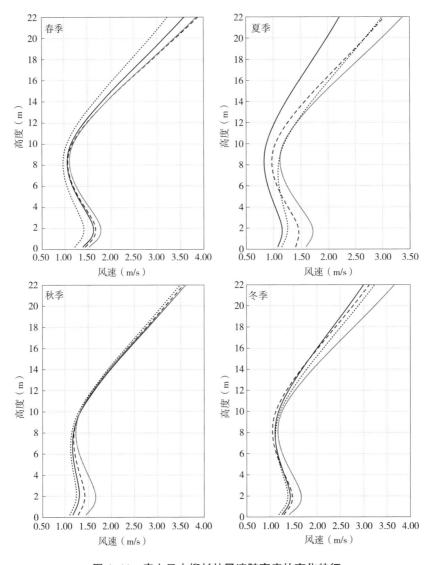

图 4-11 庐山日本柳杉林风速随高度的变化特征

注：——的线代表 15 时；—···的线为 10 时；---的线为 18 时；——的线为 7 时。

4.4 日本柳杉林林相改造对温湿度的影响

毛竹扩张入侵改变了日本柳杉林结构，对日本柳杉林生态系统产生一定影响，为此，2014—2016 年进行了伐除毛竹的林相改造试验。于 2017 年设置了 5 个样地开展为期 2 年的温湿度监测，其中两个间伐毛竹处理样地为改造第二年的林地，1 个皆伐林窗处理样地为改造第三年的林地，两个对照样地，温湿度监测采用纽扣式温湿度计，安装高度为 1.2m。

4.4.1　林窗改造对庐山日本柳杉林温湿度的影响

皆伐形成林窗后，其温湿度皆发生明显的变化，集中表现为增温降湿效应，其中，夏季增温降湿效应较冬季明显。

如图 4-12 所示，皆伐林窗平均气温为 14.4℃，7 月份平均气温最高，为 25.3℃，1月份平均气温最低，为 1.6℃。林窗气温年变化、日变化均呈单峰型变化特征。日最高气温出现在 13：00~14：00 时，较非林窗对照地提前 1 小时左右；最低气温出现在日出前后 1 小时，5：00~6：00 时。气温年较差为 24℃。

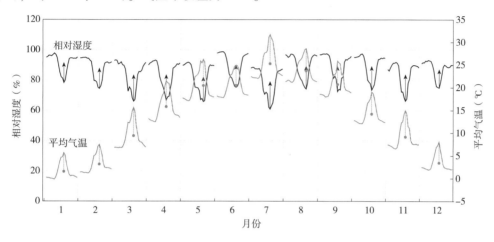

图 4-12　皆伐林窗地温湿度时间变化特征

如图 4-13，皆伐形成林窗后，林地冬季温度月平均温度上升 0.2 ℃，最高升温达13.3℃；夏季增温明显，平均温度增加 1.0 ℃，其中，7 月份的增温最为明显；冬季的相对湿度对比未伐林地湿度有一定的下降，平均下降 1.3%；夏季相对湿度下降明显，平均下降 5.4%，林窗内极端最低温度为 -9.9℃，较非林窗地低 1.1℃。2018 年 6 月 26 日皆伐林窗内极端最高温度达 41.7 ℃，而非林窗对照地极端最高温度为 30.5 ℃。

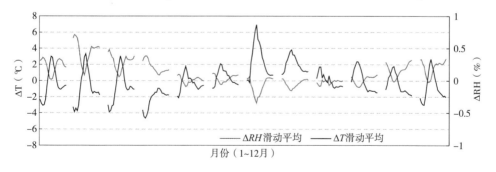

图 4-13　皆伐对日本柳杉林温湿度差异性的影响

注：ΔT 为林窗与林内温差℃；ΔRH 为林窗与林内湿度差%。

4.4.2　间伐改造对庐山日本柳杉林温湿度的影响

如图 4-14，受到间伐改造的影响，日本柳杉的林分郁闭度、光照等生境条件发生改

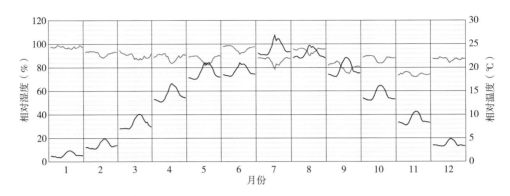

图 4-14　庐山日本柳杉林砍伐地温湿度时间变化特征

变，促进林下植被的生长，从而导致相对湿度日变化波动不大，日均温度变化幅度减小，集中表现为增温降湿效应，其中，夏季的增湿降温效应较冬季明显。

日本柳杉间伐改造林地的平均气温为 13.2℃，其中，7 月份的平均气温最高，高达24℃，1 月份的平均气温最低，为 1.4℃。间伐改造地气温年变化、日变化均呈单峰型变化特征，日最高气温出现在 12：00-13：00，较未伐对照林地提前 2 小时左右；最低气温出现在日出前后 1 小时，5：00-6：00 时。气温年较差为 22.6℃。

如图 4-15 所示间伐改造后，林地冬季月平均温度下降 3.7℃，最高温度达 5.3℃；夏季升温明显，平均温度上升 6.3℃，其中，5 月、8 月的升温最为明显，平均分别上升 4℃和 3.4℃；间伐改造后极端最低温度为 0.7℃，较未伐对照林地高 0.2℃；林地极端最高温度为 27.0℃，较未伐对照林地极端最高温度高 1.2℃。

间伐改造后林地降湿效应明显，平均相对湿度整体呈现下降趋势。冬季平均相对湿度下降较少，仅为 0.9%，春季相对湿度下降明显，平均上升 41.8%。

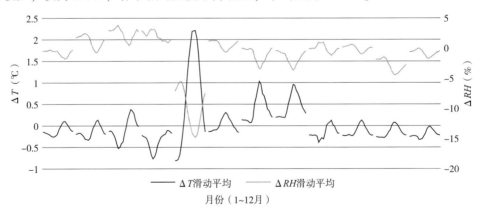

图 4-15　间伐对日本柳杉温湿度差异性影响

注：ΔT 为林窗与林内温差℃；ΔRH 为林窗与林内湿度差%。

主要参考文献

陈文盛，丁慧慧，李江荣. 森林小气候特征研究进展[J]. 湖南生态科学学报，2022，9（3）：89-95.

董金伟，白世红，马风云，等. 山东泰山 3 种人工林小气候对比分析[J]. 山东林业科技，2017，47

（5）：56-59+62.

李洁，刘芝芹，杨旭，等．滇中高原森林生态站冬春季森林小气候特征研究［J］．西南林业大学学报（自然科学），2020，40（3）：28-36.

任启文，张岩，李联地，等．不同时间尺度下落叶松液流速率与森林小气候的关系［J］．中南林业科技大学学报，2018，38（12）：30-37，44.

唐兴港，袁颖丹，张金池．气候变化对杉木适生区和生态位的影响［J］．植物研究，2022，42（01）：151-160.

王霞，李永涛，魏海霞，等．黄河三角洲白蜡人工林小气候特征的时空动态变化［J］．东北林业大学学报，2017，45（4）：60-64，80.

吴家兵，关德新，赵晓松，等．东北阔叶红松林能量平衡特征［J］．生态学报，2005，25（10）：2520-2526.

杨铭伦，张文革，张旭，等．西天山森林小气候梯度特征［J］．林业科技通讯，2021（3）：14-18.

BI J, BLANCO J A, SEELY B, et al. Yield decline in Chinese-fir plantations: a simulation investigation with implications for model complexity［J］. Canadian Journal of Forest Research, 2007, 37(9): 1615-1630.

BURNETT J D, ANDERSON P D. Using generalized additive models for interpolating microclimate in dry-site ponderosa pine forests ［J］. Agricultural & Forest Meteorology, 2019(279): e107668.

第五章　日本柳杉林土壤理化特征

在揭示植被适应性及服务功能方面，土壤理化性质起到了重要作用，其不仅受到土壤母质、气候等条件的影响，同时也对植物生长、人为干扰做出反馈（Antony et al.，2016）。作为土壤结构的基本单元，团聚体的分布和再分配与生态环境密切相关，并受到人类活动和植被类型的影响，进而影响土壤相关生物代谢和养分循环。另外，森林土壤作为植物生长所需养分的主要载体，参与了大部分的养分循环，其生态化学计量特征尤其是碳（C）、氮（N）、磷（P）及其相互的耦合关系，不但可以反映土壤肥力水平，还能较敏感地反映土壤内部 C、N、P 循环特征和植被生长状况。为此，我们探讨不同密度林分结构及林窗效应对庐山日本柳杉林下土壤物理化学性质、团聚体结构和生态化学计量比的影响。

5.1　不同密度林分土壤理化特征

林分密度作为影响林木生长的重要因子，决定了林分的空间结构，影响到森林植物群落中的光、热、水分等环境因子的分配（PARK J et al.，2018），使林下物种的结构及多样性发生变化（孙千惠等，2018），并通过改变凋落物的输入数量与质量，影响到养分输入；另一方面会影响到群落生产力及生物量分配格局，从而影响到植被对土壤养分的吸收，最终对土壤养分状况产生深刻影响。林分生长主要受林龄、立地质量和林分密度 3 个因子的影响，其中密度是人工林经营最重要的可控因子之一（车少辉等，2012）。庐山的日本柳杉林大面积栽植于 20 世纪 50~70 年代，占总面积的 75% 以上，但由于未能及时抚育间伐，普遍存在密度较大、林相单一、林下植被贫瘠等状况，为系统了解日本柳杉林的土壤状况，根据林分密度和林下植被状况，选择低、中和高密度三种林分结构的日本柳杉林设立样地（林分特征见表 5-1 和图 5-1），调查测定土壤理化特性。

表 5-1　不同密度结构林分特征

林分结构类型	林分密度（株/hm²）	郁闭度	林下植被盖度（%）	平均胸径（cm）	平均树高（m）
低密度林分	450	0.5~0.6	≥90	32.5	19.2
中密度林分	600	0.6~0.7	60~70	26.7	17.9
高密度林分	1200	0.8~0.9	≤20	20.7	14.0

5.1.1　不同密度林分土壤物理性质

（1）不同密度林分的土壤物理性质

作为土壤水分运动和储存的场所，土壤孔隙度是影响土壤渗透性能，动植物生长。径流产生时间和径流量等的关键因素。适宜的土壤孔隙度能满足植被对水分和空气的需求，有利于植物根系和动物的伸展和活动，同时延长径流形成时间，减缓径流等。通过各林分

（a）低密度林分　　　　　　　（b）中密度林分　　　　　　　（c）高密度林分

图 5-1　不同结构林分状况

结构土壤孔隙度的对比可以看出：0~10cm 土层土壤中三种林分结构的毛管孔隙度无显著差异；10~20cm 土层土壤低密度林分的毛管孔隙度显著大于中密度和低密度林分的（$P<0.05$）。非毛管孔隙度在 0~10cm 土层土壤中高密度林分的显著高于低密度林分的，与中密度林分的无显著差异（$P<0.05$）；在 10~20cm 土层土壤三种林分结构的非毛管孔隙度无显著差异。高密度林分 0~10cm 土层土壤的总孔隙度显著大于中等密度林分的（$P<0.05$），低密度林分土壤总孔隙度介于前两者之间，无显著差异；10~20cm 土层土壤高密度林分总孔隙度显著大于中密度和低密度结构林分的（$P<0.05$）（表 5-2）。

表 5-2　不同密度结构日本柳杉林的土壤基本物理性质

土层深度（cm）	林分结构	容重（g/cm³）	最大持水量（g/kg）	最小持水量（g/kg）	毛管持水量（g/kg）	毛管孔隙度（%）	非毛管孔隙度（%）	总孔隙度（%）
0~10	低密度林分	0.73±0.11b	868.25±202.93b	706.04±184.17ab	781.46±181.75ab	55.63±5.71a	6.13±3.21b	61.74±5.71ab
	中密度林分	0.87±0.18a	714.21±176.89b	588.03±123.65b	630.34±150.50b	52.85±5.57a	6.75±2.15ab	59.59±4.62b
	高密度林分	0.62±0.07b	1071.36±139.43a	831.71±159.32a	920.93±145.62a	55.94±5.02a	9.24±3.28a	65.18±3.12a
10~20	低密度林分	0.86±0.17ab	734.98±220.82b	593.07±201.02b	645.07±214.89b	52.27±7.99b	7.49±3.25a	59.76±7.31b
	中密度林分	1.00±0.23a	616.68±210.36b	496.49±155.08b	527.96±206.84b	49.00±10.73b	8.35±8.23a	57.35±5.68b
	高密度林分	0.69±0.09b	1034.35±206.32a	784.23±176.07a	888.66±156.78a	60.40±5.49a	9.77±9.94a	70.16±8.02a

注：不同字母表示不同林分结构间土壤物理性质差异显著（$P<0.05$）。

土壤孔隙度结构发生改变，其容重也随之变化，反映了土壤结构、透气性、透水性能以及保水能力的高低。而土壤孔隙对水分的保持量，对植被生长，径流过程也造成影响。0~10cm 及 10~20cm 的土层土壤中，高密度林分的容重最低。在 0~10cm 和 10~20cm 两个土层土壤高密度林分的最大持水量均显著高于低密度和中密度结构林分的（$P<0.05$）；0~10cm 土层土壤高密度林分的最小持水量显著高于中密度结构林分的（$P<0.05$）；10~

20cm 土层土壤高密度林分的最小持水量显著高于中密度和低密度结构林分的。0~10cm 土层土壤高密度结构林分的毛管持水量显著高于中密度结构林分的($P<0.05$)，低密度结构林分的毛管持水量与中密度结构无显著差异；10~20cm 土层土壤高密度林分的毛管持水量显著大于中密度和低密度林分的($P<0.05$)（表 5-2）。这是因为日本柳杉是浅根性树种，高密度林分有更多根系密集分布于表层土壤，导致土壤总孔隙度、毛管孔隙大于中、低密度林分，土壤比较疏松。陈莉莉等（2013）的研究表明，在松栎混交林中，中密度（2000~3000 株/hm²）林地土壤总孔隙、有机质高、土壤密度等特性优于过密或过疏的林分，其持水性能也优于过密或过疏林分。

（2）不同密度林分的土壤团聚体粒径分布特征

土壤团聚体是各种物理、化学和生物作用的结果，是土壤结构构成的基础，其稳定性直接影响土壤表面的水-土界面行为。合理的团聚体粒径分布，可以抵抗水分冲刷，增强土壤渗透性能，减少地表径流的产生。庐山日本柳杉林土壤以大团聚体（>0.25mm）为主，在 0~10cm 和 10~20cm 两个土层土壤中的平均含量分别为 44.16%、42.99%。林分结构对表层土壤<0.1mm 和 1~2mm 团聚体含量影响显著（$P<0.05$），其中，中密度林表层土壤两个粒径范围团聚体均显著高于低密度和高密度林分。深层土壤（10~20cm）团聚体粒径分布表现为不受林分结构的影响，说明庐山日本柳杉林土壤团聚体的影响主要体现在表层土壤（表 5-3）。

表 5-3　日本柳杉不同林分结构土壤团聚体组成　　　　　　　　　　%

土层深度（cm）	林分结构	团聚体粒径范围（mm）					
		<0.1	0.1~0.25	0.25~0.5	0.5~1	1~2	>2
0~10	低密度林分	3.85±0.94b	5.23±1.36a	8.69±2.46a	14.21±5.33a	16.06±3.38b	47.54±11.88a
	中密度林分	5.35±1.53a	5.18±1.15a	9.30±2.37a	16.29±3.68a	20.75±2.92a	39.34±8.36a
	高密度林分	4.10±0.83b	6.81±5.09a	8.86±2.15a	13.81±3.70a	17.61±2.46b	45.61±7.71a
10~20	低密度林分	4.97±1.33a	5.79±1.86a	8.75±2.20a	12.43±3.42a	18.08±4.99a	45.94±11.30a
	中密度林分	5.93±2.13a	7.04±4.02a	10.33±3.25a	15.47±4.73a	20.19±4.74a	37.65±10.24a
	高密度林分	5.49±2.69a	7.21±5.55a	8.53±1.78a	13.33±2.42a	16.66±4.96a	45.37±6.16a

注：不同字母表示不同林分结构间差异显著（$P<0.05$）。

5.1.2　不同密度林分的土壤养分特性

土壤养分含量和植物生长有着重要联系，土壤养分不但影响植物个体生长、群落组成及生产力状况，而且可以显示林分的健康水平。其中土壤微生物量碳（MBC）与土壤中的 C、N、P 等养分循环密切相关，是较易利用的养分库以及有机物分解和 N 矿化的动力，可以较敏感地反映土壤管理措施和肥力变化的过程，土壤可溶性有机碳（DOC）虽然只占森林土壤的很少一部分，但很容易被微生物分解，在提供森林土壤养分方面起着举足轻重的作用。另外，由于其在水中的易溶性，其对森林土壤生态系统中元素的生物化学循环和迁移也有深刻的影响。从表 5-4 可以看出，日本柳杉林 0～10cm、10～20cm 土层的土壤有机碳分别为 35.68～52.17g/kg、20.92～28.68g/kg，而庐山的其他群落类型 270-1170 海拔 0～10cm、10～20cm 土层土壤有机碳（SOC）分别为 20.35～38.73g/kg、16.84～31.22g/kg（杜有新，2011）。可见，日本柳杉人工林的土壤有机碳高于其他群落类型。

林分密度结构对日本柳杉林下土壤养分影响显著，其中，高密度林分 0～10cm 和 10～20cm 土层土壤 SOC、N 含量均显著高于中等密度和低密度林分的（$P<0.05$），而 MBC 则表现为低密度林分土壤中含量最高；土壤 DOC、P 含量不受林分结构影响（表 5-4）。

张勇强等（2020）有关林分密度对杉木人工林下物种多样性和土壤养分的影响的研究表明，不同密度林分间土壤养分变化趋势不同，更多的土壤养分在高密度或低密度林分下达到最大，密度过低或过高皆不利于土壤理化性质和植物多样性的发展，特别是密度过高时，对林地伤害巨大。胡小燕等（2018）的研究也表明杉木人工成熟林大多数土层土壤有机质、全氮、碱解氮、全磷、有效性铁含量在 A（1044 株/hm^2）、B（1428 株/hm^2）等低密度林分中最高。

表 5-4　日本柳杉不同密度林分土壤养分状况

土层深度（cm）	林分结构	SOC（g/kg）	DOC（mg/kg）	MBC（mg/kg）	N（g/kg）	P（g/kg）
0～10	低密度林分	38.59±9.23b	331.14±20.58a	255.71±26.96a	4.84±1.57ab	3.38±7.47a
	中密度林分	35.68±12.21b	314.28±47.89a	240.25±26.59a	4.34±1.31b	7.61±10.54a
	高密度林分	52.17±5.57a	304.20±32.73a	215.48±17.96b	5.79±1.00a	6.73±5.29a
10～20	低密度林分	22.21±4.94b	307.60±20.85a	239.39±26.83a	3.11±0.48a	5.40±7.64a
	中密度林分	20.92±7.96b	281.09±49.16a	213.44±21.88b	2.79±1.10a	6.85±8.17a
	高密度林分	28.68±5.91a	284.52±17.64a	194.24±17.77b	3.34±0.52a	5.84±6.30a

注：不同字母表示不同林分结构间差异显著（$P<0.05$）。

5.1.3　不同密度林分对土壤化学计量特征的影响

作为衡量土壤营养平衡的一个重要指标，土壤 C、N、P 化学计量比对植物-土壤养分循环和相互作用具有良好的指示作用。庐山日本柳杉林土壤 C/N 在 7.60～9.12，低于我国 C/N 的平均值 10.1~12.1（王绍强和于贵瑞，2008），表明庐山的日本柳杉林土壤有机质矿化速率总体较高，在亚热带集中暴雨的背景下，不利于土壤肥力的固持。高密度林分土壤 C/N 显著高于低密度及中密度结构林分，即该结构下日本柳杉林土壤有机质矿化作用相对较弱，土体中可供日本柳杉林生长的养分较少。低密度林分土壤的 C/P 均显著高于高密度林分的，说明庐山日本柳杉林结构良好时，对土壤 P 素的吸收作用更大，导致土壤中 P 元素的有效性逐渐降低，使其成为限制因子。同样，低密度林分土壤较低的 N/P（0~10cm）意味着 N 素仍然供应不足。并且，三种结构 N/P 均<1，总体低于全国平均值 8.0（王维奇等，2010），可见庐山日本柳杉植被生长过程中 N 素仍是区域限制因素（表 5-5）。

表 5-5　日本柳杉不同林分结构的化学计量比

土层深度（cm）	林分结构	C/N	C/P	N/P
0~10	低密度林分	7.98±0.53b	11.36±7.25a	0.45±1.03b
	中密度林分	8.14±0.60b	12.05±15.06a	0.89±1.23a
	高密度林分	9.12±0.93a	3.79±4.90b	0.78±0.63a
10~20	低密度林分	7.09±0.83b	7.26±6.84a	0.86±1.24a
	中密度林分	7.60±0.79b	3.34±4.40b	0.95±1.17a
	高密度林分	8.57±0.92a	2.32±2.85b	0.74±0.84a

注：不同字母表示不同林分结构间差异显著（$P<0.05$）。

5.2　林相改造对日本柳杉林土壤理化性质的影响

庐山的日本柳杉引种栽培始于 1913 年，目前 90% 林分的林龄在 40a 以上，其中 14.3% 的林龄在 60a 以上，整体林龄较大，林分抗逆性下降，加之庐山冬季雨雪冰冻频繁，时常出现因雨雪冰冻、台风等自然灾害导致林木断梢甚至成片倒伏现象，而且普遍林分密度大、结构不合理，生物多样性低。因此，林相改造更新势在必行。为此，2012 年、2014 年结合受损林分的恢复开展林窗形式的林相改造更新试验，2016 年开展调查采样分析，以揭示日本柳杉更新的生态过程，为林相改造更新提供理论依据和技术支撑。

5.2.1　对土壤物理性质的影响

（1）对土壤基本物理性质的影响

对比林相改造对土壤容重的影响表明：林相改造 4 年后（2012 年林相改造），日本柳杉林 0~10cm 土层的土壤容重显著高于未进行改造的对照林分的（$P<0.05$）；在 10~20cm 的土层土壤内林相改造对土壤容重无显著影响，对其他物理性状指标都无显著影响。改造 2 年（2014 年实施改造）对土壤物理性状指标没有显著影响（表 5-6）。

表 5-6　林相改造对日本柳杉林土壤物理性质的影响

土层深度（cm）	处理	容重（g/cm³）	最大持水量（g/kg）	最小持水量（g/kg）	毛管持水量（g/kg）	毛管孔隙度（%）	非毛管孔隙度（%）	总孔隙度（%）
0~10	2012 林相改造	0.69±0.07a	1027.10±112.42a	199.08±77.61a	903.95±102.22a	61.72±1.59a	8.46±0.38a	70.18±1.24a
	2012 对照林分	0.53±0.09b	1322.06±255.46a	1084.76±245.14a	1146.93±240.96a	59.10±2.04a	9.20±2.97a	68.30±3.45a
	2014 林相改造	0.59±0.06ab	1164.73±59.07a	971.15±33.63a	1041.25±19.51a	61.23±5.04a	7.11±1.50a	68.34±3.55a
	2014 对照林分	0.62±0.09ab	1083.68±147.36a	873.99±124.49a	959.65±127.80a	58.59±0.99a	7.55±0.33a	66.14±0.91a
10~20	2012 林相改造	0.72±0.03a	928.23±25.14a	765.91±39.43a	837.88±12.57a	60.08±1.93a	6.47±0.77a	66.55±2.10a
	2012 对照林分	0.78±0.06a	808.18±29.34a	678.97±19.45a	725.84±23.72a	56.67±2.81a	6.41±0.31a	63.08±2.71a
	2014 林相改造	0.66±0.07a	1032.40±62.22a	810.00±106.36a	894.55±78.15a	59.32±9.12a	8.70±6.12a	68.02±3.18a
	2014 对照林分	0.65±0.11a	1029.32±518.00a	749.99±115.90a	859.25±588.92a	51.96±30.69a	11.64±6.69a	63.60±24.00a

注：不同字母表示不同林分结构间差异显著（$P<0.05$）。

（2）对土壤团聚体组成的影响

在 0~10cm、10~20cm 土层土壤中不同年限的林相改造前后各粒径团聚体组成无显著差异，说明林相改造 4 年内土壤团聚体组成没有显著变化（表 5-7）。

表 5-7　林相改造对日本柳杉林土壤团聚体的影响

土层深度（cm）	处理	团聚体组成（%）					
		<0.10mm	0.10~0.25mm	0.25~0.5mm	0.5~1mm	1~2mm	>2mm
0~10	2012 林相改造	2.80±1.41a	3.18±1.11a	7.00±3.03a	13.08±5.17a	17.76±5.39a	54.98±15.02a
	2012 对照林分	3.97±0.77a	3.01±1.50a	5.86±2.69a	11.72±3.10a	20.57±9.43a	51.77±14.57a
	2014 林相改造	4.21±1.94a	3.88±1.03a	9.34±1.86a	18.30±4.42a	21.05±0.29a	38.45±8.63a
	2014 对照林分	2.21±1.12a	4.76±3.03a	7.51±1.70a	12.19±1.30a	15.85±0.70a	53.99±4.34a

（续）

土层深度（cm）	处理	团聚体组成（%）					
		<0.10mm	0.10~0.25mm	0.25~0.5mm	0.5~1mm	1~2mm	>2mm
10~20	2012 林相改造	6.43±2.94a	6.45±3.84a	11.14±5.09a	16.22±2.72a	19.28±2.65a	37.94±11.49b
	2012 对照林分	3.23±0.39ab	5.10±2.57a	8.63±2.30a	12.39±1.13ab	16.47±2.35ab	50.34±0.77ab
	2014 林相改造	3.82±1.21ab	6.16±2.07a	10.18±2.99a	16.02±4.03ab	18.41±2.51ab	40.97±10.11b
	2014 对照林分	2.89±0.22b	3.66±0.73a	6.13±0.69a	10.84±0.85b	14.30±1.91b	57.13±3.87a

注：不同字母表示不同林分结构间差异显著（$P<0.05$）。

5.2.2 对土壤养分的影响

与对照林分相比，日本柳杉林相改造后 4 年 0~20cm 土层土壤 SOC、N、P 含量虽然差异不显著（$P>0.05$），但都有不同程度增加，说明改造后林地环境发生了变化，植物种类组成和土壤生物状况发生了变化，改善了日本柳杉纯林的土壤养分状况。相比改造 4 年的林分，改造 2 年的林分土壤养分变幅较小，改造前后差异不显著（表 5-8）。探讨林相改造对林下土壤的改良作用，可能需要对更长时间的恢复地进行采样分析。

表 5-8 林相改造对日本柳杉林土壤物理性质的影响

土层深度（cm）	林分结构	SOC（g/kg）	N（g/kg）	P（g/kg）
0~10	2012 林相改造	62.29±7.85a	6.88±1.11a	1.69±0.55a
	2012 对照林分	50.86±16.18a	5.78±1.68a	1.28±0.24ab
	改造增量	+22.47%	+19.03%	32.03%
	2014 林相改造	48.72±14.66a	5.84±1.56a	1.23±0.18ab
	2014 对照林分	54.57±11.15a	5.82±0.85a	0.73±0.28b
10~20	2012 林相改造	45.58±11.46a	5.17±0.92a	1.02±0.36a
	2012 对照林分	32.31±8.76a	3.81±0.74a	0.94±0.21a
	改造增量	+41.07%	+35.69%	+8.5%
	2014 林相改造	30.33±3.61a	4.11±0.49a	1.41±0.58a
	2014 对照林分	30.71±6.77a	3.82±0.66a	0.76±0.18a

注：不同字母表示不同林分结构间差异显著（$P<0.05$）。

5.2.3 对土壤化学计量特征的影响

与对照林分相比，日本柳杉林相改造后 2~4 年 0~20cm 土层土壤生态化学计量比变化不显著，这可能与林相改造年限过短有关，凋落物的输入及根系对土壤肥力的改变在短短几年内不能有效发挥(表 5-9)。

表 5-9 林相改造对日本柳杉林土壤生态化学计量特征的影响

土层深度(cm)	林分结构	C/N	C/P	N/P
0~10	2012 林相改造	9.09±0.41a	4.39±1.51a	0.18±0.05a
	2012 对照林分	9.61±4.99a	4.46±0.48a	0.17±0.12a
	2014 林相改造	8.30±0.50a	4.69±0.55a	0.15±0.02a
	2014 对照林分	9.36±1.18a	9.03±4.54a	0.08±0.02a
10~20	2012 林相改造	8.76±1.03a	5.89±3.56a	0.12±0.55a
	2012 对照林分	8.98±4.08a	4.15±1.08a	0.12±0.55a
	2014 林相改造	7.39±0.36a	3.12±0.78a	0.19±0.08a
	2014 对照林分	7.98±0.51a	5.12±0.73a	0.09±0.02a

注：不同字母表示不同林分结构间差异显著($P<0.05$)。

5.3 干扰受损及恢复对土壤理化特征的影响

庐山北邻长江，东临鄱阳湖，最高海拔 1474m，地理区位和气候条件独特，11 月上旬至次年 3 月为降雪期，因此日本柳杉常遭受雨雪冰冻，受损干扰后日本柳杉林进入自然更新恢复状态，土壤理化特性会有怎样的响应? 以空间代时间的方法选择不同年限林窗代表干扰后林窗恢复过程，受损恢复 10a 以下的林窗为初期林窗，10~20a 的为中期林窗，20a 以上的为成熟林窗，并与非林窗日本柳杉纯林对照，以揭示干扰林窗更新的土壤理化特性变化。

5.3.1 对土壤物理性质的影响

从表 5-10 可以看出，日本柳杉林形成林窗后土壤最大持水量、最小持水量、毛管持水量在林窗初期显著下降($P<0.05$)，但随着干扰林窗恢复年限的持续增长而显著增加($P<0.05$)。0~10cm 土层土壤中，成熟林窗土壤最大持水量、最小持水量、毛管持水量显著高于初期林窗和中期林窗($P<0.05$)。10~20cm 土层土壤中，初期林窗土壤最大持水量、最小持水量、毛管持水量显著小于中期林窗和老林窗的($P<0.05$)。日本柳杉林窗更新恢复能显著改善表层土壤水分物理特性，增强土壤保水能力。这是因为日本柳杉林普遍存在密度大、林下植被盖度小、种类少、生物多样性低，形成林窗后的前期因为地表覆盖改变，林下植被处于生长发育阶段，土壤持水、保水性能会下降，但随着恢复年限的增加，植被组成和结构得到优化，土壤持水逐渐得到恢复和增强。蒋仲龙等(2020 年)的研究表明，集约经营毛竹林自然封育 20a 后表层(0~30cm)土壤最大持水量比常规经营显著提高了 18.1%~33.2%($P<0.05$)。自然封育能显著提高凋落物的持水能力和表层土壤的持水效能，且随着封育年限的延长，水源涵养功能增强。杨静等(2020 年)研究也表明，与种植杉木和马尾松相比，种植鹅掌楸、枫香和全缘叶栾树等落叶阔叶树种 7a 后能显著提高 0~20cm 土层土壤持水量和蓄水量，提升土壤的水源涵养功能，并建议在亚

表5-10　不同年限干扰林窗与日本柳杉纯林土壤持水量比较

林分类型	土层深度（cm）	最大持水量（g/kg）	最小持水量（g/kg）	毛管持水量（g/kg）
日本柳杉纯林	0~10	882.88±44.91ab	709.84±36.44a	778.77±39.11a
	10~20	793.24±54.29a	623.14±42.02a	684.85±48.26a
初期林窗	0~10	706.55±69.17c	529.95±64.47b	604.93±62.01c
	10~20	687.90±51.97b	494.70±48.02b	566.95±48.29b
中期林窗	0~10	818.27±25.10b	578.15±20.17b	696.88±22.14b
	10~20	817.64±34.95a	587.87±28.45a	692.87±34.14a
成熟林窗	0~10	960.96±60.15a	658.58±39.22a	775.67±40.26a
	10~20	837.31±37.58a	592.19±42.89a	712.31±38.29a

注：表中数据为均值±标准误。字母不同表明同一土层不同林窗间差异达到显著水平（$P<0.05$）。

热带人工林经营管理中，可以适当引入落叶阔叶树种，避免种植单一的针叶纯林，有效提升亚热带森林土壤水源涵养功能。

（1）对土壤容重及孔隙度的影响

通过对比非林窗日本柳杉林与不同年限恢复林窗可以看出（表5-11），0~10cm土层土壤中，成熟林窗土壤容重比中期林窗显著减小（$P<0.05$）。10~20cm土层土壤中，成熟林窗土壤容重显著小于非林窗的日本柳杉纯林（$P<0.05$）。随着林窗恢复年限的增加，土壤的毛管孔隙度、总孔隙度较非林窗均有显著增加（$P<0.05$），说明形成林窗后随着多种类阔叶树的生长发育，土壤中的根系和凋落物组成发生变化，土壤呈现出更为疏松的结构，相较于日本柳杉纯林改善了土壤的结构，进一步证实林窗恢复年限的增长有助于土壤持水性能的改善。蒋仲龙等（2020年）对毛竹林封育研究也指出，毛竹林自然封育20a、30a的0~10、10~20cm土层土壤总孔隙度显著高于对照（$P<0.05$）。

表5-11　庐山日本柳杉林不同年限干扰林窗对土壤物理性质的影响

林分类型	土层深度（cm）	容重（g/cm³）	毛管孔隙度（%）	非毛管孔隙度（%）	总孔隙度（%）
日本柳杉纯林	0~10	0.75±0.03c	55.18±1.01b	7.23±0.61c	62.41±0.97b
	10~20	0.85±0.04a	53.80±1.88b	8.58±1.49b	62.37±1.77c
初期林窗	0~10	0.72±0.04c	58.70±2.01a	9.15±1.06b	67.85±2.54a
	10~20	0.79±0.05b	60.92±1.82a	9.80±1.15a	70.73±2.13a
中期林窗	0~10	0.84±0.03a	58.64±2.33a	8.54±0.83b	67.18±2.45a
	10~20	0.86±0.04a	59.53±2.83a	7.41±0.79c	66.94±3.10b
成熟林窗	0~10	0.76±0.04b	59.50±1.92a	10.21±0.83a	69.71±2.15a
	10~20	0.78±0.03b	56.98±2.19b	8.87±0.99b	65.85±2.45b

注：表中数据为均值±标准误。字母不同表明同一土层不同林窗间差异达到显著水平（$P<0.05$）。

（2）对土壤团聚体的影响

不同年限林窗及非林窗的日本柳杉纯林土壤团聚体分布见表5-12。从表中可以看出，日本柳杉纯林和不同年限林窗 0~20cm 土层土壤均以>2 mm 团聚体为主，所占比例为 32.30%~44.31%，且形成林窗后中期和成熟期其占比显著低于非林窗日本柳杉纯林和初期林窗的（$P<0.05$）。而随着林窗恢复年限增加，0~10cm 和 10~20cm 土层土壤中 1~2mm、0.5~1mm、0.25~0.5mm 粒径团聚体均表现为总体增大的趋势（$P<0.05$），且成熟林窗土壤 1~2mm、0.5~1mm 的团聚体显著大于初期林窗与非林窗的（$P<0.05$）。这表明林窗恢复年限的增加有利于中粒径土壤团聚体的含量增加，对于改善土壤团聚体结构有良好的促进作用。

表 5-12　不同年限干扰林窗土壤团聚体组成　　　　　　　　　　%

林分 类型	土层深 度（cm）	团聚体组成（%）					
		>2mm	1~2mm	0.5~1mm	0.25~0.5mm	0.106~0.25mm	<0.106mm
日本柳 杉纯林	0~10	44.31±1.95a	18.04±0.68b	14.72±0.86b	9.02±0.44b	5.79±0.62a	4.40±0.25b
	10~20	42.28±1.84a	18.48±0.97c	13.92±0.72b	9.37±0.47b	6.81±0.79a	5.55±0.41a
初期林窗	0~10	41.44±2.81a	21.23±1.48a	15.15±1.04ab	10.08±0.77a	5.32±0.43a	4.65±0.35b
	10~20	37.86±2.04b	21.94±0.71b	14.28±0.74b	11.45±0.52a	5.49±0.52b	4.52±0.33b
中期林窗	0~10	36.13±4.28b	22.15±2.67a	15.86±1.31ab	9.18±0.80a	5.81±0.98a	6.06±0.69a
	10~20	41.97±4.18a	22.04±1.81ab	14.11±1.38b	8.56±1.07b	4.75±0.30c	6.05±1.20a
成熟 林窗	0~10	37.40±2.40b	23.08±1.08a	17.08±1.04a	10.14±1.34a	5.28±0.52a	4.19±0.44b
	10~20	32.30±3.22c	24.82±1.10a	17.53±1.61a	12.03±1.51a	6.92±0.47a	4.36±0.43b

注：表中数据为均值±标准误。字母不同表明同一土层各林窗类型间差异达到显著水平（$P<0.05$）。

5.3.2　对土壤养分的影响

形成林窗初期和中期 0~10cm、10~20cm 土层土壤中的 SOC、N、P 含量显著高于非林窗和成熟林窗（$P<0.05$）（表 5-13），这是由于形成林窗时产生了较多的凋落物和粗木质残体，导致其土壤 SOC、N、P 含量高。且 0~10cm 土层土壤的 SOC、N、P 含量整体高于 10~20cm 土层土壤的。

表 5-13　不同年限干扰林窗土壤养分状况

林分类型	土层深度（cm）	SOC（g/kg）	N（g/kg）	P（g/kg）
日本柳杉纯林	0~10	34.08±1.07c	4.21±0.38c	0.91±0.11b
	10~20	32.97±1.19b	4.18±0.27b	0.91±0.16b
初期林窗	0~10	42.91±3.78a	5.11±0.35b	0.92±0.09b
	10~20	31.39±2.34b	3.86±0.23c	0.71±0.15c
中期林窗	0~10	43.84±0.99a	6.42±0.22a	1.62±0.15a
	10~20	35.06±1.59a	5.09±0.20a	0.98±0.13b
成熟林窗	0~10	36.09±0.74c	4.73±0.30c	1.41±0.09a
	10~20	34.58±1.74a	3.36±0.23c	1.16±0.06a

注：表中数据为均值±标准误。字母不同表明同一土层各林窗类型间差异达到显著水平（$P<0.05$）。

5.3.3 对土壤化学计量特征的影响

由于成土母质、气候、地貌及植被覆盖等自然条件的调控和人为活动的干扰，加之土壤水热条件和成土作用的不同，土壤 C∶N∶P 具有较大的空间变异性（表5-14）。在 0~10cm、10~20cm 土层土壤中，C∶N 随着林窗恢复年限的增加表现出逐渐减小的趋势，且中期林窗的显著小于初期林窗和非林窗日本柳杉纯林的（$P<0.05$）。10~20cm 土层土壤中，非林窗日本柳杉纯林土壤中的 C∶P 显著高于中期和初期林窗的（$P<0.05$）。在 0~10cm 土层土壤中，N∶P 在成熟林窗的要显著大于初期林窗和非林窗日本柳杉纯林的（$P<0.05$）。这表明随着林窗恢复年限的增加，土壤中的 C∶N 和 C∶P 表现为总体减小的趋势，而N∶P 呈现出逐渐增大的趋势。

表5-14 不同年限干扰林窗土壤化学计量特征

不同恢复年限	土层深度（cm）	C/N	C/P	N/P
日本柳杉纯林	0~10	8.98±0.32a	5.95±1.19a	0.09±0.01b
	10~20	9.22±0.40a	7.21±1.64a	0.06±0.02b
初期林窗	0~10	8.46±0.58a	6.40±1.10a	0.11±0.02b
	10~20	8.30±0.72b	3.27±0.66b	0.09±0.02b
中期林窗	0~10	6.85±0.27c	5.73±0.83a	0.17±0.02a
	10~20	6.94±0.59c	5.35±0.74ab	0.15±0.03a
成熟林窗	0~10	7.69±0.45b	3.36±0.02b	0.19±0.02a
	10~20	7.45±0.64c	2.91±0.27b	0.16±0.03a

注：表中数据为均值±标准误。字母不同表明同一土层各林窗类型间差异达到显著水平（$P<0.05$）。

主要参考文献

车少辉，张建国，2012. 基于自稀疏理论的杉木人工林密度指标研究[J]. 植物研究，32（3）：343-347.

陈莉莉，王得祥，于飞，等，2013. 林分密度对土壤水分理化性质的影响[J]. 东北林业大学学报，41（8）：61-64.

杜有新，吴从建，周赛霞，等，2011. 庐山不同海拔森林土壤有机碳密度及分布特征[J]. 应用生态学报，22（7）：1675-1681.

胡小燕，段爱国，张建国，等，2018. 南亚热带杉木人工成熟林密度对土壤养分效应研究[J]. 林业科学研究，31（3）：15-23.

贾晓燕，王晓江，牛建明，等，2014. 赛罕乌拉国家级自然保护区不同植被类型水源涵养服务特征[J]. 干旱区研究，31（3）：495-501.

蒋仲龙，叶柳欣，刘军，等，2020. 封育年限对毛竹林凋落物和土壤持水效能的影响[J]. 浙江农林大学学报，37（5）：860-866.

孙千惠，吴霞，王媚臻，等，2018. 林分密度对马尾松林林下物种样性和土壤理化性质的影响[J]. 应用生态学报，29（3）：732-738.

王玲，赵广亮，周红娟，等，2020. 华北地区油松人工林分密度对土壤化学性质和酶活性的影响[J]. 中南林业科技大学学报，40（12）：9-16.

王绍强，于贵瑞，2008. 生态系统碳氮磷元素的生态化学计量学特征[J]. 生态学报，28(8)：3937-3947.

王维奇，仝川，贾瑞霞，等，2010. 不同淹水频率下湿地土壤碳氮磷生态化学计量学特征[J]. 水土保持学报，24(3)：238-242.

杨静，张耀艺，谭思懿，等，2020. 亚热带不同树种土壤水源涵养功能[J]. 生态学报，40(13)：4594-4604.

张勇强，李智超，厚凌宇，等，2020. 林分密度对杉木人工林下物种多样性和土壤养分的影响[J]. 土壤学报，57(1)：239-250.

ANTONY VDE，HANS L，2016. Plant-soil interactions in global biodiversity hotspots. Plant and Soil，403：1-5.

PARK J，KIM T，MOON M，et al.，2018. Effects of thinning intensities on tree water use，growth，and resultant water use efficiency of 50-year-old Pinus koraiensis forest over four years[J]. Forest Ecology and Management，408：121-128.

第六章 日本柳杉林倒木分解碳释放特征

在全球气候变化背景下，与全球碳循环、碳平衡有关的研究日益引起关注（Gatti et al.，2014），作为全球陆地生态系统主体的森林碳源（汇）是研究热点和科学前沿（Pan et al.，2011）。森林生态系统中，林木在生长过程中自然死亡、各种自然干扰导致的林木死亡、倒伏、折断以及各种人为干扰（如伐木）等都能形成倒木（coarse woody debris，CWD），包括枯立木、枯倒木、根桩等，其中直径≥10.0cm、长度≥1.0m且偏离垂直方向（倾斜度）大于45°的为倒木（Harmon et al.，1996）。倒木是森林生态系统的结构和功能单元，在碳循环和碳平衡中起重要作用。全世界森林碳贮存量中44%在土壤中，42%在活生物质中，8%在枯倒木中，5%在凋落物中（Pan et al.，2011）。温带针叶林倒木贮量达30~200t/hm²，阔叶林为8~50t/hm²，全球森林倒木碳贮量范围大致为75~114Pg[①]C（郭剑芬等，2011）。可见，倒木是森林生态系统碳库的重要组成部分，一个完整的森林生态系统碳库估算必须考虑树木死亡或收获后的残余物碳储。

倒木作为森林生态系统的重要碳库，其重要性不仅表现在碳储量，其分解呼吸释放出 CO_2 是森林生态系统向大气排放 CO_2 的重要来源之一。倒木碳贮量中75%的碳以 CO_2 的形式排放到大气中（Chambers et al.，2001），倒木分解呼吸释放的 CO_2（R_{CWD}）几乎可以占到整个森林生态系统 CO_2 释放量的40%（Knohl et al.，2002），Bond-Lamberty 等（2002）估算全年 CWD 呼吸能够达到土壤表面 CO_2 通量的50%。可见，倒木分解释放的 CO_2 是生态系统碳收支中不容忽视的一个组分，对区域碳循环和全球碳平衡产生重要影响。

之前，我国倒木碳贮及其动态的系统研究主要集中在东北地区的温带森林，对于南方倒木的研究没有引起足够关注，研究起步较晚，只有对南亚热带季风常绿阔叶、西南湿性常绿阔叶林、中亚热带常绿阔叶林的少量研究。而且，随着全球气候变化下的异常天气带来的自然灾害（雨雪冰灾、风灾等）更加频繁，林内倒木有明显增加的趋势（Fang et al.，2018）。如 2008 和 2018 年 1~2 月，我国南方地区出现了十分罕见的雨雪冰冻天气，雨雪冰冻灾害的直接后果是大量林木倒伏、断梢、折枝从而产生大量倒木和凋落物（图6-1）。气候的异常给南方不同森林类型带来了极大的干扰和损害，庐山日本柳杉人工林近年来在这些极端天气的影响下也产生了大量的倒木，这些倒木的产生必将对未来森林碳汇功能产生重要且深刻的影响。

同时，在生态系统中，倒木具有减少林内水土流失，影响森林土壤发育，提供动植物、微生物生境，维持生物多样性等重要生态功能。研究表明，倒木还能够为种子的着床和萌发提供优越而又合适的环境，是森林生态系统中一个长期而又慢速的养分来源，并在森林旱季时可能成为局部小生境重要的水分来源和储备。因此，在今后的森林培育和可持续经营中，应更加深刻地认识倒木及其在森林更新中所发挥的重要作用。

----

① 1Pg=1/10⁸g。以下同。

2008年常绿阔叶林倒木　　　　　　　　　2008年针阔混交林倒木

2008年雨雪冰冻受损湿地松林倒木　　　　　　　　2008年马尾松林倒木

图6-1　亚热带森林倒木状况

　　为此，2015年1月至2016年12月，在庐山国家级自然保护区分别选择日本柳杉纯林、常绿阔叶林、落叶阔叶林，各设置3个面积30m×30m的样地，调查各样地的树种组成、树高、胸径等基本背景资料（具体信息如表6-1）。选择日本柳杉林中的日本柳杉（*Cryptomeria japonica*）、常绿阔叶林样地内石栎（*Lithocarpus glaber*）和落叶阔叶林内化香（*Platycarya strobilacea*）、青榨槭（*Acer davidii*）为研究对象（具体信息如表6-2），选取处于轻度分解等级、直径相近、长度约1.5m的倒木安装PVC环（厚2mm×直径10cm×高5cm），每样方内放置3段即3次重复，采用LI-6400土壤碳通量自动测量系统连续2年按每月测定倒木CO_2释放以及倒木温度、湿度，并同步测定林内温度、湿度、土壤水分。并在倒木一端截取5cm厚的圆盘作为样品分析用，分析测定内容包括密度、干重、C浓度、N浓度、木质素、纤维素等。

　　通过2年的日本柳杉、石栎、化香、青榨槭等倒木原位分解、两种不同林分类型不同树种倒木互换的分解实验，以揭示日本柳杉等倒木在庐山分解碳释放特征，进一步阐明日本柳杉人工林、常绿阔叶林和落叶阔叶林的生态特征。

表 6-1　三种典型森林类型样地的基础信息

实验点	平均海拔(m)	主要树种	平均胸径(cm)	平均树高(m)	主要倒木类型	分解等级
针叶林	843	日本柳杉(*Cryptomeria japonica*)	16.48±2.14	14.82±4.31	日本柳杉	轻、中和重度
落叶阔叶林	845	化香(*Platycarya strobilacea*)、青榨槭(*Acer davidii*)、锥栗(*Castanea henry*)、短柄枹栎(*Quercus glandulifera*)、枫香(*Liquidambar formosana*)、糯米椴(*Tilia henryana*)、四照花(*Dendrobenthamia japonica*)、灯台树(*Bothrocaryum controversum*)和小叶白辛(*Pterostyrax corymbosus*)等	15.33±2.07	14.67±4.16	化香、青榨槭、锥栗	轻、中和重度
常绿阔叶林	420	石栎(*Lithocarpus glaber*)、苦槠(*Castanopsis sclerophylla*)、甜槠(*Castanopsis eyrei*)、钩栲(*Castanopsis tibetana*)、青冈栎(*Cyclobalanopsis glauca*)等	15.74±2.11	14.85±4.72	石栎、苦槠、青冈栎	轻、中和重度

表 6-2　三种试验树种倒木的初始质量

树种	碳含量(g/kg)	氮含量(g/kg)	C/N	木质素含量(%)	纤维素含量(%)
日本柳杉	384.78±9.26a	4.51±0.57a	85.32a	18.10±1.52a	38.01±2.26a
化香	423.46±10.94b	4.74±0.66b	89.34b	21.25±1.42b	35.32±2.51b
石栎	434.63±9.55b	4.92±0.56c	88.34b	24.72±1.58c	32.86±1.99c

注：不同的小写字母表示不同树种相应指标的差异显著性($P<0.05$)。所有的实验材料都处于相似的分解等级。

6.1　日本柳杉倒木分解碳释放特征

庐山位于中亚热带北缘，属中亚热带湿润气候，且常绿阔叶林、落叶阔叶林和针叶日本柳杉林在该区域占有重要地位。开展针叶林日本柳杉倒木分解 CO_2 释放动态监测并同步监测倒木温度、倒木湿度，揭示日本柳杉倒木分解碳释放动态规律及其差异具有重要意义。

6.1.1　日本柳杉倒木分解碳释放状况

从表 6-3 中可以看出，在 2 年的研究期内，不同树种倒木年平均分解碳释放之间存在显著的差异，具体表现为日本柳杉倒木(2.18μmol/m²s)＜化香倒木年平均分解碳释放(3.92μmol/m²s)和石栎倒木(3.84μmol/m²s)，主要原因是不同树种倒木质量之间存在显著差异，日本柳杉倒木 C/N 为(85.32%)小于化香倒木(89.34%)和石栎(88.34%)。较高可分解性的倒木木材具有更高的 pH 和 C/N(Freschet et al.，2012a)，同时，更高的 C/N 也会影响不同树种分解的分解者群落，进而影响不同树种倒木分解。

表 6-3　三个不同树种倒木两年平均 R_{CWD}、T_{CWD}、M_{CWD} 和 Q_{10} 值

树种	倒木呼吸 ($\mu mol/m^2 s$)	倒木温度 T_{CWD}($^\circ$C)	空气温度 T_{air}($^\circ$C)	倒木湿度 M_{CWD}(%)	空气湿度 H_{air}(%)	温度敏感性 Q_{10}
日本柳杉	2.18±0.54a	15.29±1.98a	18.42±2.33a	73.61±6.73a	64.83±2.35a	2.67a
化香	3.92±0.97b	16.69±1.83a	19.76±2.32a	71.80±7.31a	62.05±2.56a	2.46a
石栎	3.84±0.88b	16.19±1.94a	19.38±2.14a	72.32±6.95a	63.72±2.44a	2.73a

注：不同的小写字母表示不同树种倒木呼吸差异显著性($P<0.05$)。

先前的研究已经表明，倒木木材性状变异是造成树种差异对其分解速率产生影响的主导因素(Weedon et al.，2009)。Herrmann 和 Bauhus(2013)已经证明，与云杉和松树相比，山毛榉的呼吸碳损失速率更快。Rock 等(2008)研究已经提出了山毛榉>云杉=松树的分解速率的顺序(Rock et al.，2008)，本章研究也发现了类似的结果，即阔叶树倒木分解碳释放要比日本柳杉快。此外，Harmon 等(1986)发现，倒木分解变化是由于倒木质量的差异以及与栖息地相关的微生物群落的不同能力而导致的。同时，以前的研究发现，较高质量的倒木比低质量的倒木具有更高的分解。在本章研究中，落叶阔叶树种(化香和石栎)中倒木的质量要高于日本柳杉，具体表现为化香倒木 C/N(89.34)要高于石栎(88.34)和日本柳杉(85.32)倒木。石栎木质素含量(24.72%)要高于化香(21.25%)和日本柳杉(18.10%)倒木，而纤维素含量则表现为日本柳杉(38.01%)要高于化香(35.32%)和石栎(32.86%)倒木(表 6-2)。

在本章研究中，亚热带日本柳杉倒木分解速率(2.18$\mu mol/m^2 s$)要显著大于亚热带的细柄阿丁枫倒木(1.78 $\mu mol/m^2 s$)和肉桂倒木(1.28 $\mu mol/m^2 s$)(Guo et al.，2014)。结果表明，日本柳杉倒木分解碳释放可能在亚热带地区未来气候变化条件下的森林碳循环中扮演更重要的角色。

6.1.2　不同树种倒木分解碳释放时间动态

从图 6-2 显著性分析结果中可以看出，不同树种倒木分解碳释放年变化之间有显著差异，在 24 个月的研究期间，日本柳杉倒木分解碳释放小于化香和石栎倒木分解碳释放，表明阔叶树倒木分解碳释放年变化都要显著大于针叶树倒木。日本柳杉倒木和阔叶树种倒木分解年碳释放遵循相似的季节波动变化格局，即随着分解时间的推移都呈现出"单峰"的变化趋势;，具体表现为每年 7 月倒木分解碳释放最快，而每年 1 月则表现为最慢。

6.1.3　日本柳杉倒木分解碳释放与倒木温湿度的相关关系

从图 6-3 中我们可以看出，在整个研究周期内，日本柳杉和阔叶树种倒木温度和其分解碳释放之间都存在显著的正指数相关关系。日本柳杉倒木温度与其分解碳释放之间的正指数相关性($R^2=0.592$)要大于化香($R^2=0.442$)和石栎倒木($R^2=0.429$)，表明针叶树倒

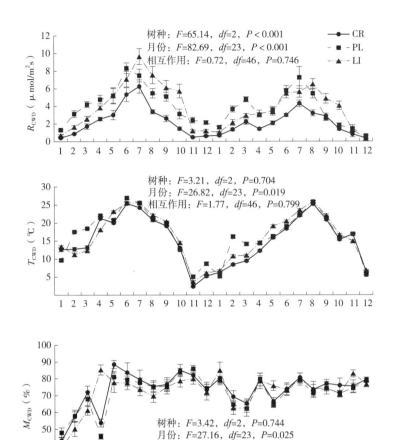

图 6-2 三种树种倒木 R_{CWD}、T_{CWD} 和 M_{CWD} 的月动态

注：R_{CWD} 表示倒木呼吸；T_{CWD} 表示倒木温度；M_{CWD} 倒木倒木湿度；CR 表示日本柳杉

（*Cryptomeria japonica*）；PL 表示化香（*Platycarya strobilacea*）；LI 表示石栎（*Lithocarpus glaber*）。

木温度与其分解之间指数相关关系要比阔叶树倒木好。日本柳杉和阔叶树种倒木温度解释了不同树种倒木分解碳释放总变异的 42.9%~59.2%。随着倒木温度的增加，日本柳杉倒木分解碳释放都呈现增加的趋势。

如图 6-3 所示，在整个研究周期内，日本柳杉倒木湿度与其分解碳释放之间都存在显著的多项式函数相关关系，日本柳杉倒木湿度与其分解碳释放之间的多项式函数相关性（$R^2 = 0.166$）要大于化香（$R^2 = 0.145$）和石栎倒木的（$R^2 = 0.117$），表明针叶树倒木湿度与其分解之间多项式函数相关关系要比阔叶树倒木的好。且日本柳杉倒木呼吸与其湿度之间都呈现出了倒 U 形变化趋势，即在一定的湿度范围内随着湿度的增加，倒木分解会持续增加，但是达到最优湿度后，倒木分解会随着湿度的进一步增加而呈现降低的变化趋势。

温度和湿度已被确定为木本和非木本枯落物分解过程的主要驱动因素（Bond-Lamberty et al.，2008）。在我们的研究中，倒木分解碳释放（R_{CWD}）对倒木温度的反应表现为其分解

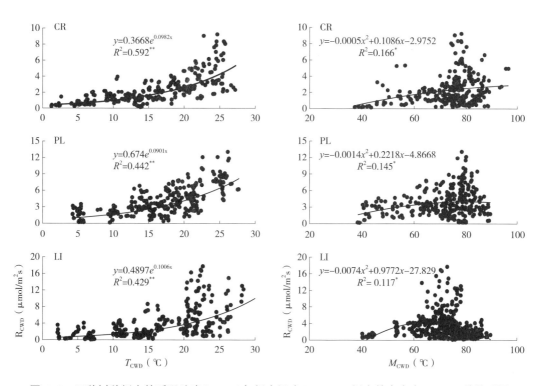

图 6-3　三种树种倒木的呼吸速率(R_{CWD})与倒木温度(T_{CWD})、倒木的含水率(M_{CWD})的关系图

注：R_{CWD} 表示 CWD 的呼吸率；T_{CWD} 表示 CWD 温度；M_{CWD} 表示 CWD 湿度；CR 表示日本柳杉($Cryptomeria$ $japonica$)；PL 表示化香($Platycarya$ $strobilacea$)；LI 表示石栎($Lithocarpus$ $glaber$)。ns 表示不显著，＊表示 $P<$ 0.05，＊＊表示 $P<0.01$，＊＊＊表示 $P<0.001$。

碳释放随温度升高呈现快速增长。可能原因是温度的升高增强了微生物的活性并可能促进聚合物的酶促降解(Wu et al.，2020，2021a)。日本柳杉和其他两个树种倒木温度解释了分解碳释放总变异的 42.9% ~ 59.2%(图 6-3)。

6.1.4　日本柳杉倒木分解碳释放与环境温湿度的相关关系

如图 6-4 所示，环境温度和日本柳杉分解碳释放之间都存在显著的正指数相关关系。环境温度与日本柳杉倒木分解碳释放之间的正指数相关性($R^2 = 0.6224$)要大于化香($R^2 = 0.3865$)和石栎倒木的($R^2 = 0.5205$)，表明针叶树倒木分解碳释放与环境温度之间指数相关关系要比阔叶树倒木好。环境温度解释了不同树种倒木分解碳释放总变异的 38.7% ~ 62.2%。随着环境温度的增加，日本柳杉倒木的分解碳释放都呈现增加的趋势。在正常的环境温度范围内，任何给定的环境温度条件下，化香和石栎倒木的分解碳释放都要大于日本柳杉倒木，并且不同树种之间倒木分解碳释放绝对差异随着环境温度增加而不断增加，而且随着环境温度的增加，阔叶树倒木分解碳释放增加率要大于针叶树倒木。

环境湿度和日本柳杉倒木分解碳释放之间都不存在显著的多项式函数相关关系，但倒木分解碳释放与环境湿度之间呈现出倒 U 形变化趋势，即在一定的环境湿度范围内随着湿度的增加，倒木分解会持续增加，但是达到最优湿度后，倒木分解会随着湿度的进一步增加而呈现降低的变化趋势。日本柳杉倒木分解碳释放与环境湿度的相关性要比石栎和化香

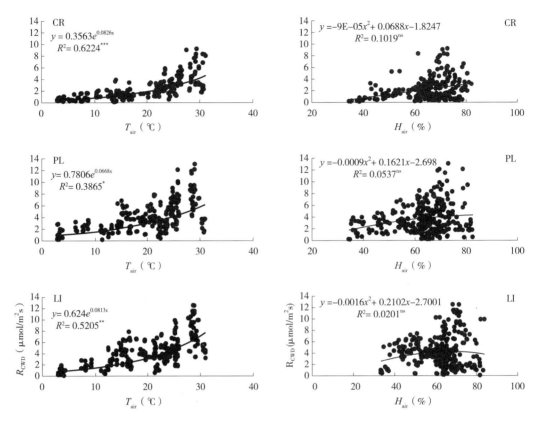

图 6-4　三种树种倒木的呼吸速率（R_{CWD}）与环境温度（T_{air}）、环境湿度（H_{air}）的关系图

注：R_{CWD} 表示倒木的呼吸率；T_{air} 表示环境温度；H_{air} 表示环境湿度；CR 表示日本柳杉（*Cryptomeria japonica*）；PL 表示化香（*Platycarya strobilacea*）；LI 表示石栎（*Lithocarpus glaber*）。ns 不显著，＊表示 $P<0.05$，＊＊表示 $P<0.01$，＊＊＊表示 $P<0.001$。

倒木的更优。

　　之前的研究表明，日本柳杉和其他两个树种倒木呼吸与湿度呈现出倒 U 形曲线反应，即在低水分和高水分水平下倒木分解都会受到抑制（Wu et al.，2018b）。低水分含量条件下的倒木为真菌和细菌活动创造了恶劣的环境并减缓了其分解（Progar et al.，2000）。高水分含量条件下的倒木通过阻碍真菌生长或限制可利用的氧气来抑制其分解，这两者都会导致呼吸率降低（Progar et al.，2000）。本研究结果也揭示了相同的变化趋势。

6.2　日本柳杉倒木分解碳释放的主客场效应

　　倒木分解的呼吸性碳损失主要与微生物的活性有关（Chambers et al.，2001）。之前有研究表明不同树种倒木之间的微生物组成是不一样的（Harmon et al.，1986），并且可能会有特异的微生物群落存在。之前的研究发现，由于特异分解者（微生物）群落存在，枯落物在其自身的寄主植物环境（即"主场"；HF）中的分解会比其他场所要快（即"客场"；VF），这种现象被称为"主场效应（HFA）"（Ayres et al.，2009b）。HFA 在不同的森林生态系统中的凋落物分解中似乎是普遍存在的(Ayres et al., 2009a)，并且许多研究者通过对森林群落之间的单一凋落物的相互移植实验来测试 HFA 存在与否(Austin et al., 2014)。最近几个陆地生态系统的森林凋落物移植实验的 Meta 分析报告指出，当比较主场和客场凋落物分解时，HFA 导致分解率增加 4%~8%(Ayres et al., 2009b)。但是，很少有研究检测森林生态系统倒木分解是否也具有主场效应 HFA，HFA 与分解者群落的关系是否密切。

先前的研究已经报道过，倒木中的微生物活性主要取决于底物性质，包括倒木温度和湿度、物种类型、分解等级、尺寸大小和气候因素(如空气温度和湿度)。倒木温度和含水量是影响微生物活动和分解速率的两个主要环境因素。然而，倒木分解碳释放 R_{CWD} 与驱动变量(如温度、湿度和物种)之间的定量关系尚不清楚，HFA 又将如何发生改变也仍不清楚。

为此，基于前期调查，我们选择了位于相似海拔、坡度、坡向和坡位的针叶林和落叶阔叶林，并将针叶林的日本柳杉同落叶阔叶林的化香和青榨槭倒木进行了为期 2 年的分解互换实验。

6.2.1 倒木互换分解碳释放时间动态变化

如图 6-5 所示，日本柳杉和其他两个树种倒木分解碳释放呈相似的变化格局，表现为随着分解时间的推移都呈现出"双峰"的变化趋势；且不同场所和不同树种倒木在不同月份之间波动较大，具体表现为 2015 年和 2016 年 6 月、7 月呼吸最快而 2015 年和 2016 年 1 月、2 月呼吸最慢。在 2 年的研究期内，化香和青榨槭倒木分解碳释放在主场一直高于客场，但是日本柳杉倒木则表现出了相反的变化趋势，表明化香和青榨槭倒木分解表现出了主场效应，而日本柳杉倒木分解则表现出了客场效应。不同树种倒木分解碳释放随着季节变化而发生较大波动，具体表现为不同树种和不同场所的最低值出现在冬季的 12 月和 1 月，并且其变化范围为(0.34~1.30μmol/m²s)；而最高值则出现在夏季的 6 月和 7 月，且其变化范围为(2.99~10.95μmol/m²s)。化香和青榨槭倒木分解碳释放在主场和客场之间的差异值要明显大于日本柳杉倒木，并且这种差异在夏季(7 月、8 月)被进一步放大，即随着温度的增加，阔叶树倒木分解的主场效应会被进一步放大。

6.2.2 日本柳杉倒木分解碳释放对环境互换的响应

从表 6-4 中可以看出，在 2 年的研究期内，不同树种不同场所倒木分解碳释放年平均变化之间存在着显著的差异，具体表现为化香(3.92μmol/m²s)和青榨槭(4.24μmol/m²s)倒木年平均分解碳释放在其主场要显著高于客场的 2.40μmol/m²s 和 2.58μmol/m²s。而日本柳杉倒木分解碳释放则表现出相反的变化趋势，其倒木年平均分解碳释放在客场(2.96μmol/m²s)要显著高于主场(2.18μmol/m²s)，表明环境互换对不同树种倒木分解碳释放都存在着显著的影响，并且化香和青榨槭倒木分解存在着主场效应，而日本柳杉倒木则没有。化香、青榨槭和日本柳杉倒木分解主场效应指数分别为 9.58、9.82 和-8.84，结果表明本研究中阔叶树存在着明显的主场效应，而日本柳杉则存在着明显的客场效应。

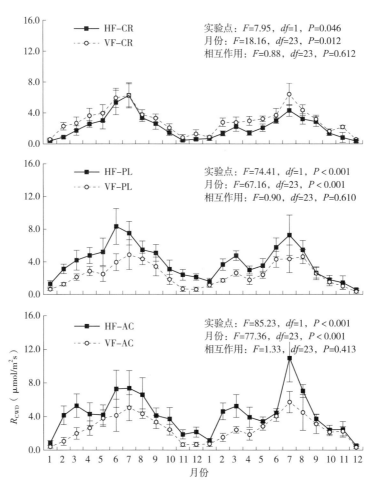

图 6-5 两个不同场所三树种倒木 R_{CWD} 的月动态

R_{CWD} 表示倒木呼吸速率；HF 表示主场；VF 表示客场；CR 表示日本柳杉（*Cryptomeria japonica*）；PL 表示化香（*Platycarya strobilacea*）；AC 表示青榨槭（*Acer davidii*）。

表 6-4 两个不同场所三树种倒木 R_{CWD}，T_{CWD}，M_{CWD} 和 Q_{10} 值及不同树种倒木分解 HFA 指数

树种	实验点	倒木呼吸 R_{CWD}（$\mu mol/m^2 s$）	倒木温度 T_{CWD} （℃）	倒木湿度 M_{CWD} （%）	Q_{10}	主场效应指数
日本柳杉	主场	2.18±0.54Aa	15.29±1.98Aa	73.61±6.73Aa	2.67	-8.84
	客场	2.96±0.65Ba	16.69±1.80Aa	70.30±6.44Aa	2.74	
化香	主场	3.92±0.97Ab	16.69±1.83Aa	71.80±7.31Aa	2.46	9.58
	客场	2.40±0.63Bb	15.54±1.88Aa	73.58±6.68Aa	2.35	
青榨槭	主场	4.24±1.07Ab	17.23±1.93Aa	70.52±7.20Aa	2.94	9.82
	客场	2.58±0.65Bb	15.38±1.86Aa	73.61±6.84Aa	2.83	

注：不同大写字母表示同一树种倒木不同场所（主场和客场）之间的差异显著性（$P<0.05$）。不同小写字母表示同一场所（主场和客场）不同树种之间的差异显著性（$P<0.05$）。

最近有研究报告了许多陆地生态系统凋落物分解时具有主场效应（Austin et al.，2014），具体包括天然林（Ayres et al.，2009b）、人工林（Chomel et al.，2015）和城市森林（Sun et al.，2016）。然而，主场效应在倒木分解中从未被研究过。在本研究中发现了两种阔叶树种倒木分解（化香和青榨槭）具有 HFA 效应，但是在所研究的日本柳杉倒木分解上并没有得到体现。在日本柳杉主场倒木分解比在客场要慢（表6-4）。这个研究结果与之前关于凋落物分解的研究一致，后者也报道主场效应取决于凋落物的物种（Gao et al.，2016）。

树种或森林类型通常通过影响凋落物质量进而影响凋落物的分解过程。因此，我们假设凋落物和倒木分解的主场效应都会取决于物种种类。例如，Barba 等（2016）认为主场效应可能是由于不同类型凋落物的凋落物质量差异造成的。Gao 等（2016）表明，凋落物质量是控制凋落物分解速率的主导因素，这可能解释了凋落物分解过程中主场效应的差异。人们普遍认为，质量较高的凋落物表现出较大的主场效应。Veen 等（2015）得出结论认为，"主场"和"客场"地点之间凋落物质量的差异是主场效应最重要的驱动因素。在我们的研究中，落叶阔叶树种（化香和青榨槭）中的倒木质量高于日本柳杉，主要表现为青榨槭倒木 C、N、C/N 和木质素含量都要高于化香和日本柳杉倒木；而纤维素含量则表现为日本柳杉倒木最高，其次为化香和青榨槭倒木（表6-5）。这可能部分解释了在倒木分解中化香和青榨槭倒木表现出了其分解具有主场效应。

表 6-5 主场和客场三树种倒木初始质量

树种	实验点	碳含量（g/kg）	氮含量（g/kg）	C/N	木质素含量（%）	纤维素含量（%）
日本柳杉	主场	384.78±9.26a	4.51±0.57a	85.32a	18.10±1.52a	38.01±2.26a
	客场	382.43±9.03a	4.45±0.48a	85.94a	18.08±1.93a	37.95±2.77a
化香	主场	423.46±10.94b	4.74±0.66b	89.34b	21.25±1.42b	35.32±2.51b
	客场	420.12±11.29b	4.71±0.47b	89.20b	21.22±1.26b	35.27±2.12b
青榨槭	主场	453.81±12.48c	4.92±0.49b	92.24b	25.84±1.22c	32.98±1.69c
	客场	450.54±11.86c	4.88±0.56b	92.32b	25.80±1.43c	33.01±1.73c

注：不同大写字母表示不同场所（主场和客场）同一树种倒木之间的差异显著性（$P<0.05$）。不同小写字母表示同一场所不同树种倒木之间的差异显著性（$P<0.05$）。

所以，考虑到两种森林类型之间以及阔叶树种和日本柳杉之间的某些内在差异，在本研究中出现的三种物种具有不同的主场效应的对比结果并不令人意外。此外，一些研究表明，凋落物在营养丰富的地方分解得更快（Prescott et al.，2013）。在本研究中，落叶阔叶林（化香和青榨槭倒木的主场）比针叶林（日本柳杉倒木的主场）土壤养分更丰富，具体表现为落叶阔叶林土壤有机质含量（57.44g/kg）、N 含量（2.57g/kg）、有效 N 含量（21.71mg/kg）、有效 P 含量（4.83mg/kg）要分别显著高于针叶林有机质含量（46.32g/kg）、N 含量（1.94g/kg）、有效 N 含量（16.84mg/kg）、有效 P 含量（3.89mg/kg）（表6-5），这也可能促成了阔叶倒木在主场（落叶阔叶林）的分解速率要比客场（针叶林）的更快，或日本柳杉倒木在客场（落叶阔叶林）的分解速率要比主场的（针叶琳）更快。

Ayres 等（2009b）使用主场效应定量评估了主场对凋落物分解的影响，他们发现在森林生态系统中 35 个凋落物的互换研究发现的平均主场值为 8.0。Veen 等(2015)使用来自 35 项研究的 21 种植物的 125 次凋落物互换实验的公开数据发现，主场对凋落物分解的影响在主场要比客场平均高出 7.5%。Wang 等(2013)通过对全球森林生态系统公布的数据进行整合(Meta)分析，提供了第一个凋落物分解主场效应的量，凋落物分解主场效应平均值为 4.2%。在本研究中，化香和青榨槭倒木分解的主场指数分别为 9.58 和 9.82(表 6-4)，高于凋落叶分解研究报道的主场指数。本研究的结果可能表明，与凋落叶相比，倒木对主场的响应更强。

6.3　日本柳杉倒木分解碳释放的主客场效应的微生物驱动力

微生物作为倒木分解的主要驱动力，主要是通过各种酶的分泌(其中主要为胞外酶)来促进不同树种倒木的分解。倒木分解微生物主要是各种各样的真菌菌株和较小程度的细菌，从通用到高度底物特异性的生物。倒木的主要分解者可分为白腐、软腐和褐腐真菌(Harmon et al.，1986)。白腐真菌可分解木质素、纤维素和某些情况下的半纤维素，而褐腐真菌主要分解半纤维素和纤维素。软腐和褐腐真菌可能会诱导木质素的结构变化，但无法使其矿化(Kögel-Knabner，2002)。软腐真菌也可分解纤维素和半纤维素，一般比褐腐和白腐真菌对单宁、抗生素提取物和极端温度的耐受性更强，但它们的分解速率较低。而且，细菌分解木材效率比真菌要低，并且可能大部分是使用已经由真菌处理过的化合物。然而，细菌对水分、O_2 和养分物质可利用性限制的敏感性较低。一般认为，白腐和褐腐真菌的分解产物根据其降解不同木材化合物的能力的不同而明显不同。褐腐真菌的分解产物在经常高度改性的木质素中更富集，而白腐真菌的产物氧化并消耗木质素。然而，这种分类并不总是反映在观察到的分解产物的差异中。降解特定化合物的能力可以通过白腐菌和褐腐菌之间的连续性来更准确地表示，许多不同的分解机制对木材分解有贡献。特别是在被子植物中，褐腐菌会降解大量的木质素。真菌群落不能降解木质素可能会导致倒木木质素浓度增加。然而，白腐真菌也可能留下大部分未被改变的木质素，特别是在涉及降解纤维素、半纤维素和木质素的真菌的情况下，以及在木质素分解受到更多能量来源限制的情况下。

由于土壤生物群落的物种过滤会导致专门的分解者(微生物)群落，这种现象被称为"主场效应(HFA)"(Ayres et al.，2009b)。并且许多研究者通过对森林群落之间的单一凋落物的相互移植实验也对主场效应进行了验证(Austin et al.，2014)。最近几个陆地生态系统的森林凋落物移植实验的 meta 分析报告指出，当比较主场和客场凋落物分解时，主场效应导致分解率增加 4%~8%(Ayres et al.，2009b；Wang et al.，2013)。然而，这样的过程也可能出现在倒木的分解当中。因此，我们通过探究环境互换条件下日本柳杉等树种倒木分解对土壤微生物总量、群落组成的影响，进而阐明土壤微生物对倒木分解碳释放的影响机制。

6.3.1　土壤微生物群落对环境互换的响应

之前有研究发现阔叶凋落物表现出比针叶树凋落物更高的主场效应，这部分归因于阔叶林和针叶林之间土壤微生物组成，土壤性质和小气候的差异。另外，阔叶林土壤微生物的丰富度普遍高于针叶林。

从表 6-6 中可以看出，不同场所同一树种倒木分解其下土壤总微生物磷脂脂肪酸(PL-FA)含量有显著差异，且日本柳杉倒木不同场所之间倒木下土壤总 PLFA 含量的差异值要明显大于阔叶树，结果表明，日本柳杉倒木分解其下土壤微生物对环境互换的响应要比阔叶树更为敏感。同时，同一场所不同树种倒木分解其下土壤总 PLFA 含量之间的差异变化有所不同，具体表现为在阔叶树(化香和青榨槭)主场中不同树种倒木分解其下土壤总 PLFA 含量之间没有显著差异。在日本柳杉主场中不同树种倒木分解其下土壤总 PLFA 含量之间有显著差异，化香和青榨槭倒木下土壤微生物 PLFA 含量在主场要明显大于客场，而日本柳杉则表现出相反的变化趋势，说明不同树种倒木分解土壤微生物差异对环境互换的响应展现出的不同主场效应取决于样点的类型和位置。

环境互换对不同树种倒木下土壤真菌(F)、细菌(B)、G⁺细菌、G⁻细菌、放线菌 PLFA 含量都有显著影响；同时，日本柳杉倒木分解各种微生物对环境互换的响应要明显优于阔叶树。同时，在主场的化香(184.9ng/g，281.7ng/g)和青榨槭(195.9ng/g，281.2ng/g)倒木下土壤 G⁺细菌和 G⁻细菌 PLFA 含量要显著高于客场(化香：123.5ng/g，195.6ng/g 和青榨槭：139.8ng/g，193.4ng/g)。然而，日本柳杉倒木下土壤土壤 G⁺细菌和 G⁻细菌 PLFA 含量则表现为客场(197.9ng/g，278.7ng/g)要显著大于主场(118.6ng/g，158.4ng/g)，结果表明，阔叶树倒木分解土壤细菌对环境互换的响应要比日本柳杉倒木的弱，但是阔叶树倒木分解土壤细菌对环境互换的响应存在显著的主场效应，而日本柳杉则表现出现在的客场效应。化香和青榨槭倒木下土壤真菌和丛枝菌根真菌 PLFA 含量均表现为主场的要略大于客场的，而日本柳杉倒木下土壤则表现出相反的变化趋势，结果表明，阔叶树倒木分解土壤真菌对环境互换的响应存在显著的主场效应，而日本柳杉则表现出现在的客场效应。

微生物在倒木的分解中起着关键作用。我们的研究结果中主场和客场土壤微生物群落之间的差异为研究中观察到的主场效应提供了直接的解释，尽管差异可能是由于枯枝落叶质量和土壤养分的差异造成的。化香和青榨槭倒木在阔叶林的主场中分解得更快，与日本柳杉林中的客场相比，观察到总的细菌和真菌微生物磷脂脂肪酸的浓度显著更高。同样，日本柳杉倒木也在阔叶林的客场中分解得更快，与日本柳杉林中的主场相比，观察到总细菌和真菌微生物磷脂脂肪酸的浓度显著更高。先前的研究也报道了阔叶林与针叶林相比，其土壤微生物的多样性和丰富度较高(Liu et al.，2012)。因此，我们的研究结果不支持特异分解者群落导致主场中凋落物分解更快的假设(Ayres et al.，2009b)。相反，我们的结果提出了另一种解释：主场效应的存在和程度取决于主场和客场之间的土壤微生物群落之间的差异。倒木分解主要与微生物活性有关(Chambers et al.，2001)，特别是真菌和细菌的特殊组成。通过倒木下的土壤真菌和细菌群落研究发现，细菌比真菌丰富约 4 倍。先前的研究也报道说，亚热带森林土壤中的细菌比真菌多 7 倍(Zhou et al.，2015)。因此，我们研究中观察到的主场和客场之间的土壤细菌群落的差异可能是倒木分解主场效应的主要决定因素。

表 6-6 两个不同场所三个倒木树种下土壤 PLFA(ng/g)

实验对象	实验点	丛枝菌根真菌	真菌	总真菌	革兰氏阳性细菌	革兰氏阴性细菌	总细菌	总 PLFA	H'	λ
日本柳杉	主场	11.4±2.6Aa	46.1±12.3Aa	57.5±11.1Aa	118.6±23.5Aa	158.4±22.3Aa	276.9±30.3Aa	390.3±62.0Aa	3.244±0.257Aa	0.292±0.038Aa
	客场	16.3±3.1Ba	76.1±16.3Ba	92.4±14.9Ba	197.9±29.3Ba	278.7±22.5Ba	476.6±28.2Ba	653.3±77.2Ba	3.373±0.260Aa	0.324±0.041Aa
化香	主场	18.8±4.2Ab	71.2±14.2Ab	90.0±13.7Ab	184.9±24.7Ab	281.7±22.6Ab	466.6±25.3Ab	633.2±53.0Ab	3.382±0.361Aa	0.331±0.037Aa
	客场	17.5±3.9Ab	62.7±15.1Bb	80.2±11.3Bb	123.5±23.2Bb	195.6±24.5Bb	319.1±22.5Bb	456.6±95.7Bb	3.228±0.355Aa	0.292±0.032Aa
青榨槭	主场	18.0±4.4Ab	75.1±16.2Aa	93.1±14.1Aa	195.9±25.2Aa	281.2±27.2Ab	477.1±38.4Aa	661.9±89.2Ac	3.394±0.262Aa	0.337±0.035Aa
	客场	15.7±3.1Bb	69.6±11.5Bc	85.3±12.7Bc	139.8±27.2Bc	193.4±30.4Bb	333.2±40.4Bc	472.8±69.8Bc	3.262±0.253Aa	0.305±0.032Aa
对照	落叶阔叶林	16.2±3.5Aa	66.8±12.7Ac	83.0±15.3Ac	175.9±31.6Ac	257.5±25.0Ac	433.4±35.7Ac	591.9±74.3Ad	3.374±0.321Aa	0.327±0.032Aa
	针叶林	16.1±3.0Ab	61.7±16.7Bd	77.8±13.3Bd	154.1±26.4Bd	206.9±28.3Bc	361.0±44.7Bd	510.1±67.1Bd	3.237±0.311Aa	0.291±0.034Aa

注：不同小写字母表示同一场所(主场和客场)不同树种之间的差异显著性($P<0.05$)。H'代表香农维纳(Shannon-Wiener)多样性指数；λ代表辛普森(Simpson)优势性指数。

6.3.2 土壤微生物多样性对环境互换的响应

从表 6-7 中还可以看出，倒木下土壤微生物 Shannon-Wiener 多样性指数（H'）和 Simpson 优势性指数（λ）均表现为化香倒木（3.528，0.396）和青榨槭倒木（3.562，0.395）在主场要明显高于客场（化香：3.082，0.211 和青榨槭：3.094，0.217），而日本柳杉倒木则表现为客场（3.544，0.392）要明显高于主场（3.073，0.204），表明倒木分解土壤微生物多样性和优势性对环境互换存在明显的响应；同时，这种响应会因树种而发生改变。细菌比例则表现为日本柳杉在主场（72.95%）要明显高于客场（70.96%），而化香和青榨槭倒木（化香：73.69%；青榨槭：72.08%）则表现为在客场要分别明显高于主场（化香：70.04%；青榨槭：70.73%）。真菌则表现出与细菌相反的变化趋势，具体表现为化香和青榨槭倒木（化香：13.54%；青榨槭：13.31%）在主场要高于客场（化香：11.25%；青榨槭：11.35%），而日本柳杉则为客场（11.82%）要高于主场（11.64%）。丛枝菌根真菌也表现为化香和青榨槭倒木（化香：4.13%；青榨槭：3.00%）在主场要高于客场（化香：2.77%；青榨槭：2.72%），而日本柳杉倒木则表现为在客场（2.91%）要高于主场（2.47%），表明真菌和丛枝菌根真菌变化趋势与不同树种不同场所倒木分解对环境互换的响应一致，而细菌则表现出相反的变化趋势。

表 6-7 两个不同场所三个倒木树种下土壤多样性

实验对象	实验点	H′	λ	细菌比例(%)	真菌比例(%)	丛枝菌根真菌(%)
日本柳杉	主场	3.073±0.260	0.204±0.041	72.95±12.05	11.64±2.19	2.47±0.42
	客场	3.544±0.257	0.392±0.038	70.96±11.61	11.82±2.34	2.91±0.44
化香	主场	3.528±0.355	0.396±0.032	70.04±13.41	13.54±2.85	4.13±0.60
	客场	3.082±0.361	0.211±0.037	73.69±11.21	11.25±2.21	2.77±0.47
青榨槭	主场	3.562±0.253	0.395±0.032	70.73±12.56	13.31±2.69	3.00±0.51
	客场	3.094±0.262	0.217±0.035	72.08±10.86	11.35±2.72	2.72±0.41
对照	落叶阔叶林	3.537±0.311	0.191±0.034	70.77±12.57	12.10±2.35	3.15±0.51
	针叶林	3.074±0.321	0.387±0.032	73.21±12.11	11.27±2.71	2.75±0.43

6.3.3 土壤微生物与环境互换和树种的相关关系

从表 6-8 中可以看出，细菌 B、G⁻细菌、丛枝菌根真菌与不同场所之间有显著正相关关系，而与不同树种之间则没有显著的正相关关系，结果表明，G^-细菌、丛枝菌根真菌在决定环境互换对倒木分解影响中扮演重要的角色，从相关性指数可以看出，其扮演决定性角色。真菌、G^+细菌、多样性指数 H′ 与不同场所、不同树种之间都有显著的正相关关系，并且不同微生物与场所之间的相关性都要比不同微生物与树种的要好，结果说明，在决定倒木互换对其倒木分解影响作用中场所对微生物的影响要比树种更为重要。细菌(Bacteria)真菌(Fungi)与不同场所、不同树种之间都有显著的负相关关系。G^+细菌或 G^-细菌与不同场所、不同树种之间都没有显著的相关关系。

表 6-8 所选 PLFAs 与场所和树种之间的斯皮尔曼(Spearman)相关系数(R)

处理	PLFA 标记物							
	细菌 B	真菌 F	F/B	G⁺细菌	G⁻细菌	G⁺/ G⁻	丛枝菌根真菌 AMF	多样性指数 H′
场所	0.375	0.179	−0.441	0.352	0.318	0.057	0.333	0.283
树种	0.178	0.157	−0.151	0.201	0.122	0.036	0.056	0.177

从表 6-9 中冗余分析(RDA)可以看出，温度、树种及场所对微生物都有显著的影响，而湿度则没有表现出显著的影响，表明温度、树种及不同场所在对环境互换下倒木分解的显著影响中扮演重要角色，因这些因素都会显著影响微生物组分和变化，进而改变和影响倒木分解碳释放对环境互换的响应。从不同因素(温度、湿度、树种和场所)对微生物影响的贡献率中可以看出，场所的贡献率要比温度更大，也即场所的选择对环境互换产生结果的影响会比温度更大，因此，在选择做同类实验时，场所的选择则变得尤为重要。

表 6-9 用冗余分析(RDA)各种处理(温度、湿度、树种和田间地点)对所选 PLFAs 的影响

变量	变异性(%)	贡献率(%)	F 值	P(<0.05)
温度(℃)	13.8	39.3	19.6	0.001
湿度(%)	2.1	3.7	1.4	0.053
树种	2.5	8.8	3.3	0.034
场所	17.4	48.2	21.7	0.001

主要参考文献

郭剑芬, 杨玉盛, 钟羡芳, 等, 2011. 森林粗木质残体的贮量和碳库及其影响因素. 林业科学, 47 (2): 125-133.

AUSTIN AT, VIVANCO L, GONZáLEZ-ARZAC A, et al., 2014. There's no place like home? An exploration of the mechanisms behind plant litter-decomposer affinity in terrestrial ecosystems. New Phytol, 204(2): 307-314.

AYRES E, STELTZER H, BERG S, et al., 2009a. Soil biota accelerate decomposition in high-elevation forests by specializing in the breakdown of litter produced by the plant species above them. J Ecol, 97(5): 901-912.

AYRES E, STELTZER H, SIMMONS BL, et al., 2009b. Home-field advantage accelerates leaf litter decomposition in forests. Soil Biol Biochem, 41(3): 606-610.

BARBA J, LLORET F, YUSTE JC, 2016. Effects of drought-induced forest die-off on litter decomposition. Plant Soil, 402(1-2): 1-11.

BOND-LAMBERTY B, GOWER ST, 2008. Decomposition and fragmentation of coarse woody debris: revisiting a boreal black spruce chronosequence. Ecosystems, 11(6): 831-840.

CHAMBERS JQ, SCHIMEL JP, NOBRE AD, 2001. Respiration from coarse wood litter in central Amazon forests. Biogeochemistry, 52(2): 115-131.

CHOMEL M, GUITTONNY-LARCHEVêQUE M, DESROCHERS A, et al., 2015. Home field advantage of litter decomposition in pure and mixed plantations under boreal climate. Ecosystems, 18(6): 1014-1028.

Fang J, Yu G, Liu L, et al, 2018. Climate change, human impacts, and carbon sequestration in China. PNAS, 115: 4015-4020.

GAO J, KANG FF, HAN HR, 2016. Effect of litter quality on leaf-litter decomposition in the context of Home-field advantage and non-additive effects in Temperate forests in China. Pol J Environ Stud, 25(5): 1911-1920.

GATTI LV, GLOOR M, MILLER JB, et al., 2014. Drought sensitivity of Amazonian carbon balance revealed by atmospheric measurements. Nature, 506(7486): 76-80.

GUO JF, CHEN GS, XIE JS, et al., 2014. Respiration of downed logs in four natural evergreen broad-leaved forests in subtropical China. Plant Soil, 385(1-2): 149-163.

HARMON ME, FRANKLIN JF, et al., 1986. Ecology of coarse woody debris in temperate ecosystems. Adv Ecol Res, 15: 133-302.

HERRMANN S, BAUHUS J, 2013. Effects of moisture, temperature and decomposition stage on respirational carbon loss from coarse woody debris(CWD) of important European tree species. Scand J For Res, 28 (4): 346-357.

KNOHL A, KOLLE O, MINAYEVA TY, et al. , 2002. Carbon dioxide exchange of a Russian boreal forest after disturbance by wind throw. Glob Chang Biol, 8(3): 231-246.

KöGEL-KNABNER I, 2002. The macromolecular organic composition of plant and microbial residues as inputs to soil organic matter. Soil Biol Biochem, 34(2): 139-162.

LIU L, GUNDERSEN P, ZHANG T et al. , 2012. Effects of phosphorus addition on soil microbial biomass and community composition in three forest types in tropical China. Soil Biol Biochem, 44(1): 31-38.

PAN YD, BIRDSEY RA, FANG JY, et al. , 2011. A large and persistent carbon sink in the world's forests. Science, 333(6045): 988-993.

PRESCOTT CE, GRAYSTON SJ, 2013. Tree species influence on microbial communities in litter and soil: current knowledge and research needs. For Ecol Manage, 309(4): 19-27.

PROGAR R, SCHOWALTER T, FREITAG C, et al. , 2000. Respiration from coarse woody debris as affected by moisture and saprotroph functional diversity in Western Oregon. Oecologia, 124(3): 426-431.

SUN Y, ZHAO SQ, 2016. Leaf litter decomposition in urban forests: test of the home-field advantage hypothesis. Ann For Sci, 73(4): 1063-1072.

VEEN GF, FRESCHET GT, ORDONEZ A, et al. , 2015. Litter quality and environmental controls of home-field advantage effects on litter decomposition. Oikos, 124(2): 187-195.

WANG QK, ZHONG MC, HE TX, 2013. Home-field advantage of litter decomposition and nitrogen release in forest ecosystems. Biol Fert Soil, 49(4): 427-434.

WEEDON JT, CORNWELL WK, CORNELISSEN JH, et al. , 2009. Global meta-analysis of wood decomposition rates: a role for trait variation among tree species? Ecol Lett, 12(1): 45-56.

WU CS, ULYSHEN M, SHU CJ, et al. , 2021a. Stronger effects of termites than microbes on wood decomposition in a subtropical forest. For Ecol Manage, 493: 119263.

WU CS, ZHANG ZJ, SHU CJ, et al. , 2020. The response of coarse woody debris decomposition and microbial community to nutrient additions in a subtropical forest. For Ecol Manage, 460: 117799.

WU CS, ZHANG ZJ, WANG HK, et al. , 2018b. Photodegradation accelerates coarse woody debris decomposition in subtropical Chinese forests. For Ecol Manage, 409: 225-232.

ZHOU Y, CLARK M, SU J, 2015. Litter decomposition and soil microbial community composition in three Korean pine(*Pinus koraiensis*)forests along an altitudinal gradient. Plant Soil, 386(1~2): 171-183.

第七章　日本柳杉林土壤温室气体排放特征

　　全球变暖是目前影响人类社会发展的国际热点环境问题，也是当今全球面临的诸多严峻挑战之一（王绍武，2010）。据联合国政府间气候变化专门委员会（IPCC）第五次评估报告报道，全球平均温度呈现逐渐增长的趋势，从1880—2012年的133年，全球平均温度升高的范围为0.65~1.06℃（秦大河，2014）。人类的大量活动使全球温度上升加快，在2014年和2015年连续两年创下了历史新高（赵先贵等，2015）。大气中温室气体浓度增加，是造成全球气候变暖的重要原因（赵宗慈等，2015），引起了各界人士对温室气体排放及潜在因素的广泛关注。

　　温室气体（greenhouse gases）是指大气中能够对太阳长波辐射有强烈吸收作用的气体。近年来，全球气候变化对人类环境造成严重影响，相关专家对此进行深入研究和讨论，并努力地对人为因素进行控制，降低对环境和气候的影响。氧化亚氮（N_2O）、甲烷（CH_4）和二氧化碳（CO_2）是全球最重要的3种温室气体。据IPCC第五次评估报道，目前大气中N_2O、CH_4和CO_2三种温室气体浓度约为324ppb[①]、1803ppb和391ppm，分别超过工业革命前水平的20%、150%和40%。N_2O和CO_2是与全球变暖有关的两种重要的温室气体，其中CO_2对全球变暖的贡献约为60%。在百年尺度上，N_2O增温潜势（global warming potential，GWP）约为CO_2的265倍（秦大河，2014）。土壤是重要的N_2O和CO_2源，土壤和大气之间C、N通量的微小变化可能会导致大气温室气体浓度大幅度变化。森林生态系统对大气中温室气体的平衡发挥着特别重要的作用，土壤–大气界面C、N通量的相关变化可能是由于过度砍伐、放牧和水土流失荒漠化等引起的。

　　本研究以日本柳杉林为研究对象，开展了日本柳杉林土壤本地温室气体排放观测。同时，结合庐山日本柳杉林经营现状，开展了凋落物输入、细根输入等自然因子对土壤温室气体排放影响的研究。基于土壤N_2O产生机制，深入研究了日本柳杉林土壤N_2O排放的微生物类群贡献和产生机制。土壤N_2O、CH_4和CO_2排放采用静态箱–气相色谱法测定，静态箱体由筒体和土壤环两部分组成，筒体为PVC管制成，内径20cm、高100cm，土壤环为内径18.7cm、外径23.5cm、高10cm、壁厚1cm的PVC圆环凹槽。在圆柱形筒分别开两个小孔，顶部小孔用穿插于橡胶塞的温度计测量温度，中部小孔穿插于一根软管于顶箱内，外部连接三通阀，均由PVC管制成。采气时，为保证采气的密封性，先在底座内加入适量水，后将采气筒扣放在土壤环凹槽中，并用容量为60mL塑料注射器在扣箱后0、5、10、15min时分别抽取40mL气体。每次抽取气体时来回拉动注射器使箱内气体充分混合，每个点共采集4个气样，采集的气样储存在专用的气袋（德霖铝箔采气袋，大连）中，迅速带回实验室使用气相色谱仪（Agilent 7890B，USA）分析，确定每个样品的N_2O、CH_4和CO_2。为避免天气因素影响，选择晴朗、无风天气采集气体。

　　土壤温室气体排放速率计算参考本研究团队前期研究方法，基于密闭空间内气体浓度

---

　　① 1ppb＝1mm^3/m^3＝10^{-9}。以下同。

随时间的变化计算其排放速率或通量。具体参考 Zhang et al.（2016，2018），Hu et al.（2017），Xu et al.（2022）以及李超等（2018）。

7.1　日本柳杉林土壤温室气体排放特征

通过 2 年多的原位观测试验研究发现，日本柳杉林土壤温室气体的变化特征如图 7-1 所示，土壤 N_2O 和 CO_2 排放特征呈明显的季节性变化，夏季排放量高，冬季排放量低。土壤 N_2O 和 CO_2 排放通量均在 2019 年 7 月 16 日达到最高，分别为 $68.95\pm24.64\mu g/m^2h$ 和 $1711.46\pm175.79mg/m^2h$。土壤 N_2O 和 CO_2 排放通量均在 2019 年 1 月 13 日达到最低，分别为 $-26.79\pm3.63\mu g/m^2h$ 和 $153.69\pm45.32mg/m^2h$。土壤 N_2O 年平均排放通量为 $24.13\pm3.25\mu g/m^2h$。土壤 CO_2 年平均排放通量为 $540.27\pm53.72mg/m^2h$。土壤 CH_4 排放特征基本保持平稳的状态，年平均排放通量为 $-2.56\pm1.02mg/m^2h$。

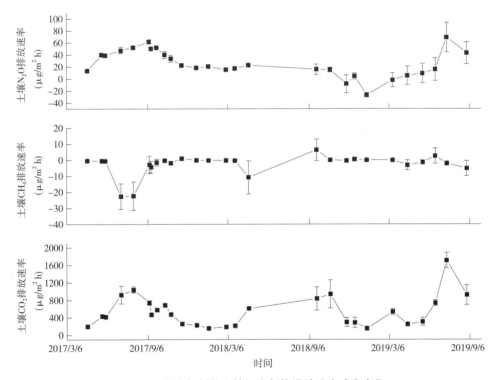

图 7-1　日本柳杉林土壤温室气体排放速率动态变化

7.2　氮沉降影响下日本柳杉林土壤温室气体排放特征

7.2.1　氮沉降影响下日本柳杉林土壤 N_2O 排放特征

如表 7-1 所示，模拟氮沉降对日本柳杉土壤 N_2O 排放速率和累积均具有极显著影响（$P<0.0001$）。从土壤 N_2O 的年排放速率动态来看，土壤 N_2O 排放速率分别在 5 月份和 9

月份，在施氮的情况下排放速率达到了峰值。在 2018 年 1 月土壤 N_2O 排放速率最小，在 2017 年 9 月土壤 N_2O 排放速率最大(图 7-2)。氮沉降显著促进土壤 N_2O 排放通量(图 7-2，图 7-3)。土壤 N_2O 排放速率具有明显的季节性变化，夏季最高，冬季最低。

表 7-1 氮沉降对日本柳杉土壤 N_2O 排放速率和累积排放的方差分析

处理	df	N_2O 排放速率		N_2O 累积排放	
		F	P	F	P
氮沉降	1	54.63	<0.0001	311.08	<0.0001
时间(随机)	16	21.76	<0.0001	171.56	<0.0001

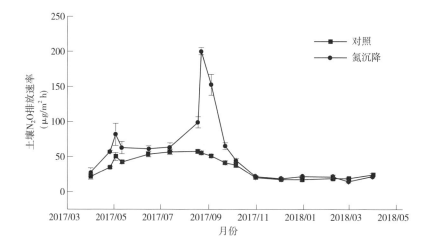

图 7-2 氮沉降处理对日本柳杉土壤 N_2O 排放速率动态变化

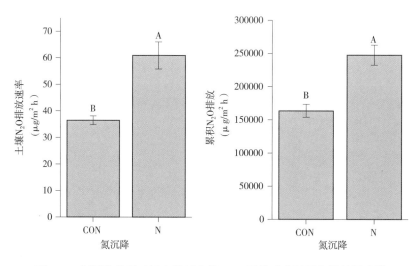

图 7-3 氮沉降处理对日本柳杉土壤 N_2O 排放速率及累积排放量比较

7.2.2 氮沉降影响下日本柳杉林土壤 CH_4 排放特征

如表 7-2 所示，模拟氮沉降对日本柳杉土壤 CH_4 排放速率和累积均具有极显著影响(P

<0.0001）。从土壤 CH_4 的年排放速率动态来看，土壤 CH_4 排放速率分别在 6 月份排放量最低。氮沉降显著促进土壤 CH_4 排放通量（图 7-4）。

表 7-2　氮沉降对日本柳杉土壤 CH_4 排放速率和累积排放的方差分析

处理	df	CH_4 排放速率		CH_4 累积排放	
		F	P	F	P
氮沉降	1	6.84	<0.0096	18.88	<0.0001
时间（随机）	16	2.60	<0.0011	0.87	<0.6093

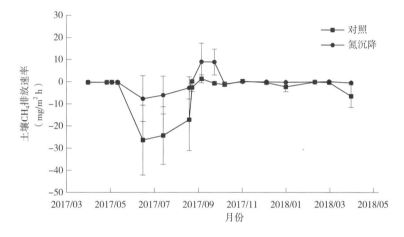

图 7-4　氮沉降处理对日本柳杉土壤 CH_4 排放速率动态变化

7.2.3　氮沉降影响下日本柳杉林土壤 CO_2 排放特征

如表 7-3 所示，模拟氮沉降对日本柳杉土壤 CO_2 排放速率和累积均没有显著变化。从土壤 CO_2 的年排放速率动态来看，土壤 CO_2 排放速率在 7 月份达到了峰值。在 2017 年 12 月土壤 N_2O 排放速率最小。土壤 CO_2 排放速率具有明显的季节性变化，夏季最高，冬季最低（图 7-5）。氮沉降一般可通过改变植物根系吸收、凋落物叶分解速率、土壤碳氮比及土壤微生物数量和活性影响土壤的 CO_2 排放。氮沉降加剧降低了土壤 C/N 比，影响碳的可利用性，影响了微生物的代谢活动而减缓微生物异氧呼吸的 CO_2 的排放。而氮沉降加剧可能增加根系生物量，从而增强根系的自养呼吸，二者之间的作用可相互抵消。因此，氮沉降加剧并未对土壤 CO_2 排放产生显著影响（Liu and Greaver，2009）。

表 7-3　氮沉降对日本柳杉土壤 CO_2 排放速率和累积排放的方差分析

处理	df	CO_2 排放速率		CO_2 累积排放	
		F	P	F	P
氮沉降	1	0.07	<0.7907	0.99	0.3205
时间（随机）	16	52.77	<0.0011	247.20	<0.0011

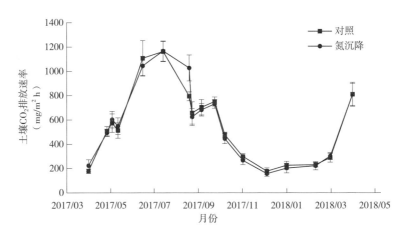

图7-5　氮沉降处理对日本柳杉土壤 CO_2 排放速率动态变化

7.3　凋落物输入对日本柳杉林土壤温室气体排放的影响

森林凋落物层作为森林生态系统中独特的结构层次，在一定程度上，是影响森林生态系统的相关组分。凋落物是土壤碳库的主要来源，对土壤表面温度和湿度具有一定的调控作用，为土壤微生物生长繁殖提供了物质基础，可改善土壤微生物环境，从而影响土壤呼吸。凋落物经分解向土壤输入养分，从而提高土壤有机质含量。土壤有机质矿化为反硝化作用提供反应底物，加速微生物作用下反硝化作用。凋落物的质量和数量是决定土壤养分动态的重要物质来源，凋落物可通过改变土壤环境、凋落物质量以及微生物群落结构来影响凋落物的分解。森林土壤是与温室气体排放相关的重要碳氮库。而土壤温室气体排放受到碳氮底物和微生物群落的控制，因此，凋落物输入是导致土壤温室气体变化的重要因素。

肖冬梅等（2004）对长白山阔叶红松林土壤 N_2O 和 CH_4 通量研究发现，凋落物显著提高土壤 N_2O 排放通量。Gao 等（2018）在西双版纳热带雨林的相关研究发现，在凋落物分解2个月后，凋落物分解的 C、N 输入对土壤的 N_2O 通量影响最大，凋落物不仅影响 N_2O 排放量的变异性，而且影响 N_2O 产生的机制。凋落物覆盖的土壤 N_2O 通量主要受凋落物分解 C 输入的影响，而去除凋落物区域的土壤 N_2O 通量主要受土壤 NO_3^--N 含量和温度的共同控制，去除凋落物显著减少了土壤 N_2O 年通量。

王光军等（2009）在长沙天际岭通过去除和添加凋落物对马尾松（*Pinus massoniana*）人工林土壤呼吸速率的影响进行研究，结果表明，去除凋落物显著减少土壤呼吸速率，添加凋落物显著增大土壤呼吸速率。Zhang 等（2015）对被空心莲子草（*Alternanthera philoxeroides*）入侵的画眉草（*Eragrostis pilosa*）草地进行研究发现，空心莲子草凋落物显著促进了画眉草的分解，而且与画眉草和空心莲子草单独覆盖草地的土壤 CO_2 通量相比，二者混合凋落物覆盖草地的土壤 CO_2 通量更高，这主要是因为二者混合的凋落物分解时产生了协同效应，加快了养分输入，增加了反应底物进而增大土壤 CO_2 排放量。Yan 等（2013）以华南地区樟树（*Cinnamomum camphora*）、马尾松（*Pinus massoniana*）纯林及二者的混交林为研究对象，研究凋落物去除和添加对土壤 CO_2 排放的影响研究，结果表明，在3种林地中，去除

凋落物显著减少了 CO_2 排放通量，但是在混交林中混合凋落物覆盖对土壤 CO_2 年排放量具有促进作用。

　　本团队进行原位观测试验，凋落物分解采用分解袋法，2017 年 4 月在选定的样地中采集日本柳杉新鲜凋落物。取少量样品于 105℃ 烘箱测定其含水量，每个分解袋装入相当于 15g 干重的新鲜凋落物，分解袋规格为 15cm×20cm，尼龙网孔径大小 1mm。分解袋放置在排水良好、地势平坦的区域让其分解，探究 2017 年 4 月至 2018 年 5 月日本柳杉凋落物分解对土壤温室气体排放的变化。

7.3.1　凋落物输入对日本柳杉林土壤 N_2O 排放的影响

　　如表 7-4 所示，模拟凋落物对日本柳杉土壤 N_2O 排放速率和累积均具有极显著影响（$P<0.0001$）。从土壤 N_2O 的年排放速率动态来看，土壤 N_2O 排放速率分别在 7 月份和 9 月份，在凋落物输入的情况下排放速率达到了峰值。在 2018 年 1 月土壤 N_2O 排放速率最小，在 2017 年 9 月土壤 N_2O 排放速率最大（图 7-6）。凋落物输入显著促进土壤 N_2O 排放通量（图 7-6，图 7-7）。土壤 N_2O 排放速率具有明显的季节性变化，夏季最高，冬季最低。凋落物是土壤 N_2O 排放的重要影响因子，这可能是由于不同凋落物分解养分释放的差异对土壤的理化性质及微生物群落结构产生了影响，进而导致了土壤 N_2O 排放的差异。

表 7-4　凋落物对日本柳杉土壤 N_2O 排放速率和累积排放的方差分析

处理	df	N_2O 排放速率		N_2O 累积排放	
		F	P	F	P
凋落物	1	5.03	<0.0275	67.54	<0.0001
时间（随机）	16	6.97	<0.0001	366.61	<0.0001

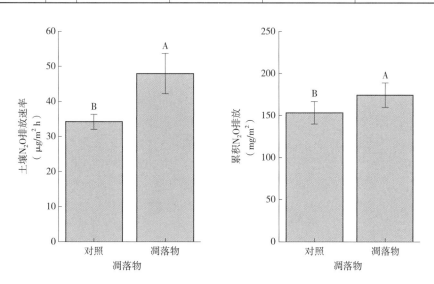

图 7-6　凋落物对日本柳杉土壤 N_2O 排放速率和累积排放的比较

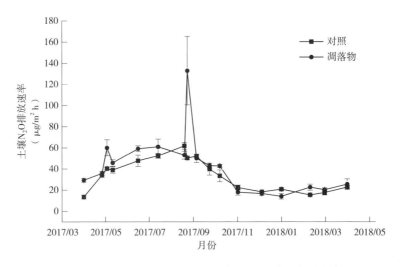

图 7-7　凋落物输入对日本柳杉土壤 N_2O 排放速率动态变化

7.3.2　凋落物输入对日本柳杉林土壤 CH_4 排放的影响

如表 7-5 所示，凋落物输入对日本柳杉土壤 CH_4 排放速率和累积没有显著影响（$P <$ 0.0001）。

表 7-5　日本柳杉凋落物对土壤 CH_4 排放速率和累积排放的方差分析

处理	df	CH_4 排放速率		CH_4 累积排放	
		F	P	F	P
凋落物	1	0.93	0.3378	1.67	0.2002
时间（随机）	16	1.08	0.3906	0.67	0.8131

7.3.3　凋落物输入对日本柳杉林土壤 CO_2 排放的影响

如表 7-6，凋落物输入对日本柳杉土壤 CO_2 排放速率和累积均具有极显著变化（图 7-8）。植物根系呼吸和土壤微生物的异样呼吸是 CO_2 的主要过程。温度是影响土壤 CO_2 排放的重要环境因子。低温可通过微生物的活性、酶活性以及植物的生理代谢机能而降低呼吸作用，减少 CO_2 排放。当温度逐渐增高时，呼吸作用会加强，增大 CO_2 的排放。在本研究中，土壤 CO_2 的年排放速率动态来看，土壤 CO_2 排放速率具有明显的季节性变化（图 7-9）。夏季的排放通量显著高于冬季，这与 Zhang 等（2018）研究结果相一致。凋落物是土壤重要的养分来源，也是影响土壤呼吸的重要因素，凋落物会通过自身分解产生 CO_2，也可通过分解间接影响土壤的理化性质（Zhang 等，2015）。凋落物输入显著增高土壤 CO_2 排放通量，说明凋落物分解会显著促进土壤 CO_2 的排放。凋落物在分解过程中会释放更多的养分，对微生物具有一定的"激发效应"，导致土壤微生物群落结构的变化，从而增大了土壤呼吸，加大了 CO_2 的排放。

表 7-6 日本柳杉凋落物对土壤 CO_2 排放速率和累积排放的方差分析

处理	df	CO_2 排放速率		CO_2 累积排放	
		F	P	F	P
凋落物	1	42.33	<0.0001	132.90	<0.0001
时间(随机)	16	34.30	<0.0001	219.65	<0.0001

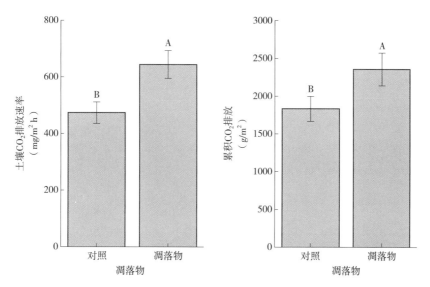

图 7-8 凋落物对日本柳杉土壤 CO_2 排放速率和累积排放的比较

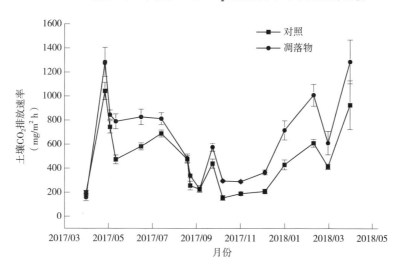

图 7-9 凋落物输入对日本柳杉土壤 CO_2 排放速率动态变化

7.4 细根输入对日本柳杉林土壤温室气体排放的影响

在森林生态系统中，植物细根的生产和周转对土壤养分循环具有重要意义，不同物种间细根养分周转和归还有不同的变化。细根输入为土壤提供养分，影响土壤养分循环，改变土壤微生物群落结构（吕富成和王小丹，2017），进而影响土壤呼吸和反硝化过程（肖冬梅等，2004）。因此，细根输入可改变土壤碳氮库的变化，进而可能影响温室气体排放的变化。森林土壤是重要的碳氮库，植物凋落物和根系分解对土壤碳氮循环具有重要影响（Zhang et al.，2015）。土壤 N_2O、CH_4 和 CO_2 排放受土壤反应底物和微生物的影响，森林土壤环境的改变会进一步影响土壤微生物的结构（Xu et al.，2015），从而影响土壤温室气体的排放。因此，本研究通过添加日本柳杉细根输入对土壤温室气体的排放的变化进行观测。

本团队进行原位观测试验，通过采用凋落物袋法，探究日本柳杉林细根输入对土壤温室气体排放的动态变化。在样地随机布置 8 个 PVC 底座，在布置细根处理前，去除 PVC 底座地面下 40cm 可见活根和死根。分别采集日本柳杉细根凋落物，带回实验室清洗干净、风干，选取少量样品于 105℃ 烘干测其含水率。采用网袋法将 4.4375g 的日本柳杉细根凋落物装进尼龙网袋（140 目，20cm×15cm）放回样地下 15cm 处让其分解，探究 2018 年 8 月至 2019 年 10 月的土壤温室气体排放的变化。

7.4.1 细根输入对日本柳杉林土壤 N_2O 排放的影响

如表 7-7 所示，细根输入对日本柳杉土壤 N_2O 排放速率和累积均具有极显著影响（$P<0.0001$）。从土壤 N_2O 的年排放速率动态来看，土壤 N_2O 排放速率分别在 2018 年 9 月份和 2019 年 8 月份，在细根输入的情况下排放速率达到了峰值。在 2019 年 1 月土壤 N_2O 排放速率最小（图 7-10）。细根输入显著促进土壤 N_2O 排放通量（图 7-10、图 7-11）。土壤 N_2O 排放速率具有明显的季节性变化，夏季最高，冬季最低，主要是由于土壤温度和湿度会对微生物生存和繁殖产生影响，进而对土壤 N_2O 排放产生季节性变化。细根输入对土壤 N_2O 的排放具有重要意义，细根输入不仅影响土壤的养分循环，还会对土壤的微生物群落结构造成极大的影响。细根输入为硝化和反硝化作用提供充足的反应底物，可增加微生物对碳氮元素的固定（Li et al.，2018），加快日本柳杉细根输入对土壤 N_2O 排放通量。

表 7-7　细根输入对日本柳杉土壤 N_2O 排放速率和累积排放的方差分析

处理	df	N_2O 排放速率		N_2O 累积排放	
		F	P	F	P
细根	1	3.88	0.0092	31.95	<0.0001
时间（随机）	21	5.51	<0.0001	234.31	<0.0001

7.4.2 细根输入对日本柳杉林土壤 CH_4 排放的影响

如表 7-8 所示，细根输入对日本柳杉土壤 CH_4 排放速率没有显著变化，对土壤 N_2O 累积排放具有极显著影响（$P<0.0001$）。从土壤 CH_4 的年排放速率动态来看，在细根输入的情况下，土壤 CH_4 排放速率 2019 年 7 月份排放速率最低，出现了 CH_4 吸收峰值。在前 10

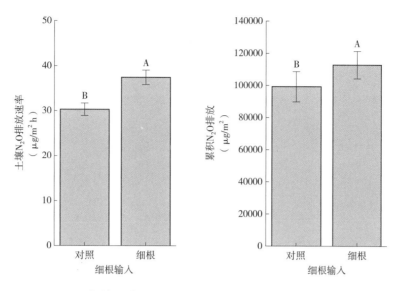

图7-10 细根输入对日本柳杉土壤 N₂O 排放速率和累积排放的比较

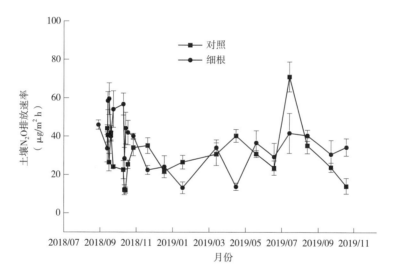

图7-11 细根输入对日本柳杉土壤 N₂O 排放速率动态变化

个月，细根输入土壤 CH_4 排放速率基本保持一致，没有明显变化。在之后，细根输入降低土壤 CH_4 的排放速率(图7-12)。

表7-8 细根输入对土壤 CH_4 排放速率和累积排放的方差分析

处理	df	CH_4排放速率		CH_4累积排放	
		F	P	F	P
细根	1	2.18	0.0889	17.32	<0.0001
时间(随机)	21	5.95	<0.0001	10.23	<0.0001

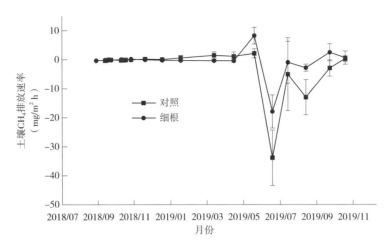

图 7-12　细根输入对日本柳杉土壤 CH_4 排放速率动态变化

7.4.3　细根输入对日本柳杉林土壤 CO_2 排放的影响

如表 7-9 所示，细根输入对日本柳杉土壤 CO_2 排放速率和累积排放均具有极显著影响（P <0.0001）。从土壤 N_2O 的年排放速率动态来看，土壤 CO_2 排放速率起伏不定（图 7-13）。细根输入显著促进土壤 CO_2 排放通量（图 7-13，图 7-14）。细根是森林土壤碳的主要来源之一，细根输入为土壤 CO_2 排放提供了反应底物，进而增加土壤 CO_2 通量。日本柳杉细根输入过程中，起初氮浓度较高，细根释放的氮可提供微生物的需要，加快土壤 CO_2 排放通量。

表 7-9　细根输入对土壤 CO_2 排放速率和累积排放的方差分析

处理	df	CO_2排放速率		CO_2累积排放	
		F	P	F	P
细根	1	12.22	<0.0001	73.52	<0.0001
时间（随机）	21	21.26	<0.0001	180.06	<0.0001

7.5　日本柳杉土壤 N_2O 排放及其微生物机制

7.5.1　土壤功能微生物群落与 N_2O 排放过程

土壤微生物是森林生态系统的重要组成部分，在土壤有机质矿化和养分循环过程中具有极其重要的作用（Douterelo et al.，2010；Falkowski et al.，2008；戴雅婷等，2017；何容等，2009；靳新影等，2020）。土壤细菌和真菌是微生物群落的重要组成部分，它们对物质循环和能量转化具有十分重要的意义。同时，细菌和真菌群落多样性和丰度会受到土壤性质和环境因素的直接影响。不同的环境条件和林分类型对微生物群落结构和功能有很大的影响（Zhang et al.，2019）。林分类型的变化对群落结构组成以及根系分泌物、凋落物质量和数量及养分的有效性均产生差异。

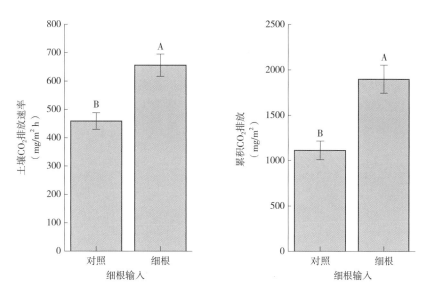

图 7-13　细根输入对日本柳杉土壤 CO_2 排放速率和累积排放的比较

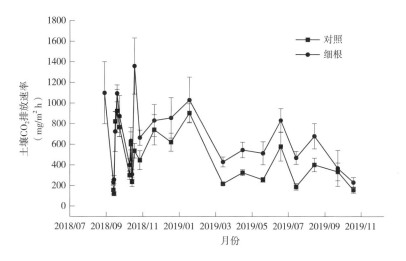

图 7-14　细根输入对日本柳杉土壤 CO_2 排放速率动态变化

N_2O 排放过程是一个复杂的生物学过程。在微生物驱动作用下，氮循环主要包括生物固氮作用、硝化作用、反硝化作用和氨化作用四个过程（图 7-15）。硝化作用是在好氧的条件下完成的，一般可分成两个过程，氨氧化作用是在氨氧化细菌的催化作用下，将氨态氮最终氧化为亚硝态氮，亚硝酸盐氧化作用即是在亚硝酸盐氧化菌催化作用下，将亚硝态氮氧化为硝态氮（贺纪正和张丽梅，2013），在这两个氧化过程中均会产生 N_2O。反硝化作用一般是在嫌气条件下完成的，或是无氧条件下，厌氧微生物通过无氧呼吸完成的过程，可以称为"完全的"或是"标准的"反硝化作用（Klotz and Stein，2008；Wigley and Raper，2001）。另外，还有一种情况，即微生物在有氧条件下将 NO_2^- 转化为 NO 的过程，称为"不完全的"或者"非典型的"反硝化作用，微生物在各种还原酶催化作用下将 NO_3^- 还原为 N_2、N_2O 等并在还原转化过程中释放出来（Morley et al.，2008）。在 NO_2^- 转化为 NO 过程中，细菌主要由 *nirK* 和 *nirS* 基因编码的含铜亚硝酸还原酶（Cu-nir）或者细胞色素 cd_1 亚硝酸还原酶（cd_1-nir）催化完成。真菌则是由 *nirK* 基因编码（真菌和细菌的 *nirK* 基因虽不同但同源）的 NO_2^- 还原酶催化完成（Shoun et al.，2012）（图 7-16）。NO 还原为 N_2O，细菌主要由 *cnorB* 或者 *qcorB* 基因编码的 NO 还原酶催化完成，真菌则是由细胞色素 P450 借助还原型辅酶 NADH 或者 NADPH 提供的还原 H 催化 NO 还原为 N_2O（Shoun et al.，2012）。

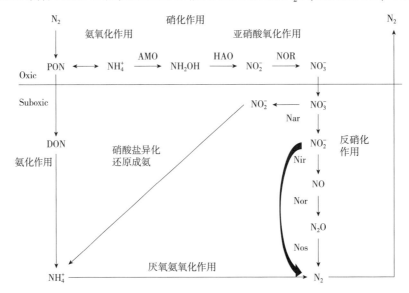

图 7-15　微生物驱动下氮循环（刘峰等，2017）

注：AMO 代表氨单加氧酶；HAO 代表羟胺氧化还原酶；NOR 代表亚硝酸氧化还原酶；Nar 代表硝酸盐还原酶；Nir 代表亚硝酸盐还原酶；Nor 代表一氧化氮还原酶；Nos 代表氧化亚氮还原酶；PON 代表颗粒有机氮；DON 代表可溶性有机氮；Oxic 代表好氧；Suboxic 代表低氧。

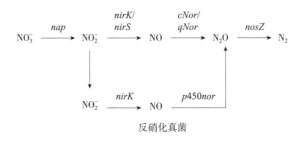

图 7-16　反硝化作用

7.5.2　土壤微生物群落对 N_2O 排放的不同贡献

在土壤生态系统中，土壤微生物在氮循环中扮演着十分重要的角色。通常认为反硝化作用是由原核生物主导的反应，大多数反硝化微生物是异养型的兼性厌氧细菌。细菌反硝化过程包含 4 个反应，分别由硝酸还原酶、亚硝酸还原酶、NO 还原酶和 N_2O 还原酶催化完成。也有相关研究发现，真菌也可以进行反硝化作用（Bender et al.，2014）。Laughlin 和 Stevens（2002）通过添加放线菌酮和链霉素将草地土壤中的 N_2O 分别降低了 89% 和 23%。

Smith 等(1997)研究发现，低浓度的放线菌酮可以显著降低土壤 N_2O 排放量。Herold 等(2012)通过添加链霉素和环己酰亚胺研究土壤 pH 和耕作对真菌和细菌反硝化潜势和生物量的变化，结果表明，真菌的反硝化潜势显著低于细菌，且真菌生物量和反硝化作用在不同 pH 梯度中比较稳定。在纯培养条件下，真菌产生 N_2O 活性与细菌相比要低几个数量级，但是对土壤氧化亚氮产生能力的测定结果表明，真菌产生 N_2O 的能力远超细菌(Kurakov et al.，2000)。Fang 等(2022)通过对日本柳杉林和毛竹幼苗研究发现，土壤细菌和真菌对 N_2O 的贡献相似。黄莹等(2014)通过茶园土壤硝化和反硝化作用产生的 N_2O 发现，细菌和古菌是这些生物过程的主要参与者，然而在特定土壤生态系统中，真菌在 N 循环过程中起主要作用。李波成等(2014)通过研究毛竹向阔叶林扩张发现，土壤真菌对 N_2O 排放的贡献显著高于土壤细菌。细菌和真菌抑制剂可以广泛应用于选择性抑制参与硝化和反硝化作用的微生物的活性，也可判断土壤真菌和细菌对 N_2O 排放的相对贡献(图7-17)。最具有代表性的生物抑制剂链霉素，常被用于抑制细菌活性。扑海因抑制真菌活性，可以为区分土壤硝化作用是否以真菌和细菌主导提供有力证据(黄莹和龙锡恩，2014)。因此，细菌和真菌在土壤生态系统氮循环中扮演着重要的角色。

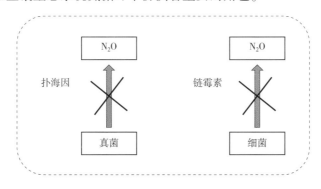

图 7-17 反硝化过程中细菌和真菌对 N_2O 的作用

7.5.3 土壤微生物群落对土壤 N_2O 排放的影响

通常采用生物抑制剂法和 ^{15}N 示踪法与生物抑制剂相结合的方法测定土壤细菌和真菌对 N_2O 排放方的相对贡献。最具有代表性的细菌抑制剂有链霉素，它的主要作用是导致信使 RNA 的错误解读而阻止生物蛋白的合成，可抑制土壤细菌的活性。最有代表性的真菌抑制剂有放线菌酮和扑海因等，主要作用是在土壤硝化和反硝化作用中抑制真菌活性，为判定是否以真菌为主导作用提供证据(Yokoyama and Ohama，2005)。

笔者进行盆栽模拟试验，通过添加链霉素和扑海因抑制土壤细菌和真菌活性，探究它们对日本柳杉林土壤 N_2O 的排放贡献。盆栽模拟77天的监测试验结果发现：细菌抑制剂、真菌抑制剂以及它们的交互作用对土壤 N_2O 排放速率、累积排放均具有极显著差异(表7-10)。在对照条件下，土壤 N_2O 排放速率最高，为 $8.75\pm0.38\mu g/m^2h$；在添加细菌抑制剂、真菌抑制剂以及交互作用下相对较低，分别为 $4.75\pm0.46\mu g/m^2h$，$5.04\pm0.46\mu g/m^2h$，$4.11\pm0.50\mu g/m^2h$(图7-18)。对照条件下，土壤 N_2O 累积排放最高，为 $7.35\pm0.57mg/m^2$；细菌抑制剂、真菌抑制剂以及交互作用下相对较低，分别为 $4.03\pm0.33mg/m^2$，$4.16\pm$

0.34mg/m^2，$3.29\pm0.32\text{mg/m}^2$（图 7-19）。因此通过验证，相比于对照，链霉素和扑海因均可抑制土壤 N_2O 排放，但土壤细菌和真菌对 N_2O 排放的贡献基本相似（Fang et al.，2022）。

表 7-10 细菌和真菌抑制剂对日本柳杉土壤 N_2O 排放速率和累积排放的方差分析

处理	df	N_2O 排放速率		N_2O 累积排放	
		F	P	F	P
链霉素	1	31.26	<0.0001	26.61	<0.0001
扑海因	1	24.35	<0.0001	23.56	<0.0001
链霉素×扑海因	1	12.12	<0.0001	9.08	0.0028
时间（随机）	11	2.83	<0.0014		

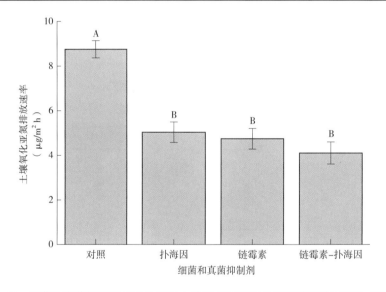

图 7-18 细菌和真菌抑制剂对日本柳杉土壤氧化亚氮排放速率的影响（均值±标准误）

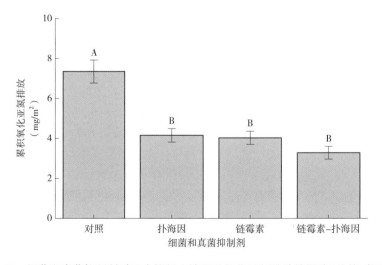

图 7-19 细菌和真菌抑制剂对日本柳杉土壤累积氧化亚氮排放的影响（均值±标准误）

图 7-20 为细菌和真菌抑制剂下日本柳杉盆栽土壤 N_2O 排放速率在 2019 年 7 月 22 日至 2019 年 10 月 6 日为期 77 天的动态变化图。在不同处理下，土壤 N_2O 排放速率具有显著差异。分别在 7 月 26 日和 8 月 24 日进行施肥处理，则施肥后土壤 N_2O 排放速率差异最显著。相比于对照，细菌抑制剂和真菌抑制剂对土壤 N_2O 排放速率具有明显的抑制作用。

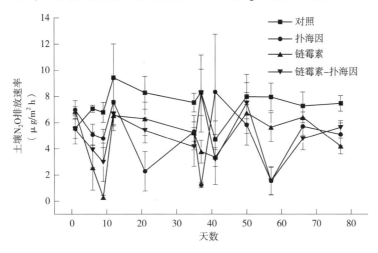

图 7-20　细菌和真菌抑制剂对日本柳杉土壤 N_2O 排放速率的影响(均值±标准误)

图 7-21 为细菌和真菌抑制剂下日本柳杉土壤湿度在 2019 年 7 月 22 日至 2019 年 10 月 6 日为期 77 天的动态变化图。这一段时期的平均湿度为 20.50%。

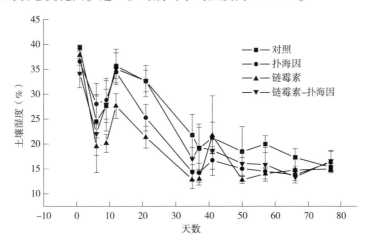

图 7-21　细菌和真菌抑制剂对日本柳杉土壤土壤湿度的变化(均值±标准误)

图 7-22 为细菌和真菌抑制剂下日本柳杉土壤温度在 2019 年 7 月 22 日至 2019 年 10 月 6 日为期 77 天的动态变化图。由图可知，日本柳杉土壤在不同处理下这段时期土壤温度变化趋势基本保持一致，这段时间土壤平均温度为 31.5℃。

相关分析显示，植物生物量与呈土壤 N_2O 和 NO_3^--N 显著负相关，与全磷含量呈显著正相关。pH 与土壤湿度呈显著正相关。土壤铵态氮含量与土壤全氮含量呈显著正相关，与土壤有机质呈显著负相关(表 7-11)。

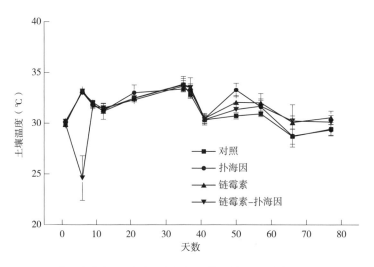

图 7-22　细菌和真菌抑制剂对日本柳杉土壤土壤温度的变化（均值±标准误）

表 7-11　土壤 N_2O 排放通量与微生物量和土壤养分的相关性

	N_2O 速率	N_2O 累积	湿度	温度	SOC	SN	SP	$NO_3^- - N$	$NH_4^+ - N$	pH	生物量
N_2O 速率	1	0.1807	0.2367	0.0076	-0.2460	-0.0648	-0.0430	0.0767	-0.0001	0.1021	-0.5239
N_2O 累积		1	-0.4504	-0.0922	-0.5021	0.2352	0.1712	-0.1254	0.3331	-0.1420	0.0465
湿度			1	0.0460	0.0657	-0.2563	-0.1137	-0.1964	-0.2563	0.5668	-0.0238
温度				1	-0.1189	-0.2496	-0.4364	0.2465	0.2255	-0.0890	-0.1226
SOC					1	-0.1836	0.1404	-0.2557	-0.5886	0.2475	0.3396
SN						1	0.4730	0.0086	0.5567	-0.0432	0.2750
SP							1	-0.4439	-0.1540	-0.3592	0.7149
$NO_3^- - N$								1	0.4130	0.0159	-0.6593
$NH_4^+ - N$									1	-0.1427	-0.0976
pH										1	-0.1612
生物量											1

注：SOC 代表土壤有机质；SN 代表土壤全氮；SP 代表土壤全磷；$NH_4^+ - N$ 代表土壤铵态氮；$NO_3^- - N$ 代表土壤硝态氮

土壤微生物介导土壤养分循环，由于不同的环境因素会导致土壤微生物群落结构的变化，土壤微生物群落结构的改变可通过改变资源供应而影响整个生态系统。近年来，研究者随着对氮循环的过程深入研究，发现土壤细菌不再是 N_2O 的唯一贡献者，很多研究使用了生物抑制剂、同位素标记和菌种的分离和纯化等方法，结果发现，真菌在草地土壤、酸性森林土以及干旱和半干旱的区域土壤中对 N_2O 的排放起着很重要的作用。目前，细菌和真菌对土壤 N_2O 的排放贡献已成为该领域的研究热点问题。由于产生 N_2O 的细菌和真菌类群广泛，但真正的种类还不明确，因此，可以通过转录组和宏基因技术等其他研究手段相结合，更加深入了解细菌和真菌在各种土壤环境中的基因表达及调控方式，以明确细菌和真菌对土壤 N_2O 产生的相对贡献。

主要参考文献

戴雅婷，闫志坚，解继红，等，2017. 基于高通量测序的两种植被恢复类型根际土壤细菌多样性研究[J]. 土壤学报，54(03)：735-748.

何容，汪家社，施政，等，2009. 武夷山植被带土壤微生物量沿海拔梯度的变化[J]. 生态学报，29(09)：5138-5144.

贺纪正，张丽梅，2013. 土壤氮素转化的关键微生物过程及机制[J]. 微生物学通报，40(01)：98-108.

黄莹，龙锡恩，2014. 真菌对土壤 N_2O 释放的贡献及其研究方法[J]. 应用生态学报，25(04)：1213-1220.

靳新影，张肖冲，金多，等，2020. 腾格里沙漠东南缘不同生物土壤结皮细菌多样性及其季节动态特征[J]. 生物多样性，28(06)：718-726.

李波成，邬奇峰，张金林，等，2014. 真菌及细菌对毛竹及阔叶林土壤氧化亚氮排放的贡献[J]. 浙江农林大学学报，31(06)：919-925.

刘峰. 不同施肥处理下三种典型旱地土壤 N2O 排放特征和微生物机理的研究[D]. 太原：山西大学.

吕富成，王小丹，2017. 凋落物对土壤呼吸的贡献研究进展. 土壤，49(02)：225-231.

秦大河，2014. 第五次评估报告第工作组一报告的亮点结论[J]. 气候变化研究进展，10(01)：1-6.

王光军，田大伦，闫文德，等，2009. 马尾松林土壤呼吸对去除和添加凋落物处理的响应[J]. 林业科学，45(01)：27-30.

王绍武，2010. 全球气候变暖的争议. 科学通报，55(16)：1529-1531.

肖冬梅，王淼，姬兰柱，等，2004. 长白山阔叶红松林土壤氮化亚氮和甲烷的通量研究. 应用生态学报，15(10)：1855-1859.

赵先贵，马彩虹，肖玲，等，2015. 西安市温室气体排放的动态分析及等级评估. 生态学报，35(06)：1982-1990.

赵宗慈，罗勇，黄建斌，2015. 全球冰川正在迅速消融[J]. 气候变化研究进展，11(06)：440-442.

BENDER S F, PLANTENGA F, NEFTEL A, et al., 2014. Symbiotic relationships between soil fungi and plants reduce N2O emissions from soil[J]. The ISME Journal，8(06)：1336-1345.

DOUTERELO I, GOULDER R, LILLIE M, 2010. Soil microbial community response to land-management and depth, related to the degradation of organic matter in English wetlands：Implications for the in situ preservation of archaeological remains[J]. Applied Soil Ecology，44(3)：219-227.

FALKOWSKI P G, FENCHEL T, DELONG E F, 2008. The Microbial Engines That Drive Earth's Biogeochemical Cycles[J]. Science，320(5879)：1034-1039.

FANG H F, GAO Y, ZHANG Q, et al., 2022. Moso bamboo and Japanese cedar seedlings differently affected soil N_2O emissions[J]. Journal of Plant Ecology，15：277-285

GAO J, ZHOU W, LIU Y, et al., 2018. Effects of litter inputs on N_2O emissions from a tropical rainforest in Southwest China[J]. Ecosystems，21(5)：1013-1026.

Herold M B, Baggs E M, Daniell T J, 2012. Fungal and bacterial denitrification are differently affected by long-term pH amendment and cultivation of arable soil[J]. Soil Biology and Biochemistry，54：25-35.

KLOTZ MG, STEIN LY, 2008. Nitriç ergenomics and evolution of the nitrogen cycle[J]. Fems Microbiology Letters，278(2)：146-156.

KURAKOV AV, NOSIKOV AN, SKRYNNIKOVA EV, et al., 2000. Nitrate reductase and nitrous oxide production by *Fusarium oxysporum* 11dn1 under aerobic and anaerobic conditions[J]. Current Microbiology，41

（2）：114-119.

LAUGHLIN R J, STEVENS R, 2002. Evidence for fungal dominance of denitrification and codenitrification in a grassland soil[J]. Soil Science Society of America Journal, 66(5)：154-161.

LI Y, LIANG X, TANG C, et al., 2018. Moso bamboo invasion into broadleaf forests is associated with greater abundance and activity of soil autotrophic bacteria[J]. Plant and Soil, 428(1-2)：163-177.

LIU L, GREAVER TL, 2009. A review of nitrogen enrichment effects on three biogenic GHGs：the CO_2 sink may be largely offset by stimulated N_2O and CH_4 emission[J]. Ecology Letters, 12(10)：1103-1117.

MORLEY N, BAGGS EM, DORSCH P, et al., 2008. Production of NO, N_2O and N_2 byextracted soil bacteria, regulation by NO_2-and O_2 concentrations. Fems Microbiology Ecology, 65：102-112.

SHOUN H, FUSHINOBU S, JIANG L, et al., 2012. Fungal denitrification and nitric oxide reductase cytochrome P450nor[J]. Philosophical Transactions of the Royal Society B：Biological Sciences, 367(1593)：1186-1194.

WIGLEY T M L, RAPER S C B, 2001. Interpretation of High Projections for Global-Mean Warming[J]. Science, 293(5529)：451-454.

XU Q F, JIANG P K, WU J S, et al., 2015. Bamboo invasion of native broadleaf forest modified soil microbial communities and diversity[J]. Biological Invasions, 17(1)：433-444.

YAN W, CHEN X, TIAN D, et al., 2013. Impacts of changed litter inputs on soil CO_2 efflux in three forest types in central south China. Chinese Science Bulletin, 58(7)：750-757.

YOKOYAMA K, OHAMA tohru, 2005. Effect of inorganic N composition of fertilizers on Nitrous Oxide[J]. Soil Science and Plant Nutrition, 51(7)：967-972.

ZHANG L, WANG S L, LIU S W, et al., 2018. Perennial forb invasions alter greenhouse gas balance between ecosystem and atmosphere in an annual grassland in China[J]. Science of The Total Environment, 642：781-788.

ZHANG L, ZHANG Y J, ZOU J W, et al., 2015. Decomposition of Phragmites australis litter retarded by invasive Solidago canadensis in mixtures：an antagonistic non-additive effect[J]. Scientific Reports, 4：5488.

ZHANG M Y, ZHANG W Y, BAI SH, et al., 2019. Minor increases in *Phyllostachys edulis*(Moso bamboo) biomass despite evident alterations of soil bacterial community structure after phosphorus fertilization alone：based on field studies at different altitudes[J]. Forest Ecology and Management, 451：117561.

第八章 日本柳杉林土壤动物特征

土壤动物是指在其生活史中定期在土壤中生活的，能对土壤造成一定影响的动物（尹文英，2000）。常见的土壤动物包括蚯蚓、蚂蚁、鼠妇、蜘蛛、马陆、甲虫、蜈蚣等大中型动物，也有跳虫、螨虫、啮虫等小型动物。这些土壤动物体型上比其他动物小，但是数量巨大，地下生物量高，是土壤生态系统中不可或缺的组成部分，其机械活动和化学活动对土壤的物理化学性质的改变、森林生产力的提高、维持土壤肥力和促进物质循环方面发挥着不可替代的作用（尹文英，2000；殷秀琴等，2010）。森林生态系统中有大量的动植物残体，其中包括植物凋落物和动物残体及粪便，它们一旦落地很快就会受到土壤动物的粉碎和分解，进而进入土壤碎屑食物网得到分解；而土壤的孔隙度、透水性、团聚体结构、养分含量等特征也会在这一过程中受到直接或间接的影响（Edwards and Bohlen, 1996；Lavelle, 1997）。

土壤中的动物不是单独存在的，而是通过捕食关系串联在一起形成了土壤食物网。食物网是多种生物及其取食对象的集合，是由捕食者和被捕食者或取食者与被取食者构成的复杂的网状结构，能够直接反映生态系统的结构和功能（林光辉，2013）。地下土壤动物食物网对于了解森林生态系统及土壤生态系统的能量流动起着重要作用。而土壤动物之间的营养关系不仅能够反映土壤动物之间的联系，也能够反映出土壤动物之间能量流动的走向与核心（赵亮等，2004）。根据土壤动物的取食对象特征，食物网内的不同土壤动物可以分为不同功能类群。而根据土壤动物在食物网上的前后捕食关系，部分学者将土壤动物分为5个不同的营养级，主要为：营养级0（Tropical level 0，简称 TL0，植食者），营养级1（Tropical level 1，简称 TL1，初级分解者），营养级2（Tropical level 2，简称 TL2，次级分解者），营养级3（Tropical level 3，简称 TL3，小型捕食者），营养级4（Tropical level 4，简称 TL4，大型捕食者）（Halaj et al. 2005；Krantz and Walter 2009）。这些不同营养级的土壤动物在土壤中分工合作，构成了土壤中矿质养分流动和循环的基础（Heneghan et al., 1999）。

8.1 研究方法

8.1.1 土壤采集与处理方法

研究地点位于庐山自然保护区金竹坪境内日本柳杉纯林，林内主要灌木树种包括：山橿（*Lindera reflexa*），尾页冬青（*Ilex wilsonii*），毛叶石楠（*Photinia villosa*）；主要草本植物（*Herb plantation*）包括鳞毛蕨（*Dryopteris adanson*）和淡竹叶（*Lophatherum gracile*），在林内设置3个30 m × 30 m 的样方。

自2016年5月至2017年4月，每2个月进行一次土壤取样，共计6次（其中，由于天气及车辆管控因素，2016年12月及2017年1月均未能取样，改成2017年2月和4月取样）。用直径8cm、深10cm的不锈钢取土钻按S形在每个样方内随机取4个土样，各取样点间距离不小于5m。土柱保留表面凋落物，装入自封袋中带回做后续分析，共取72个土样（3个样方，4次重复，6个月份）。

土壤理化性质测定指标包括pH值，全氮（TN），全磷（TP），有效磷（AP），全钾（TK），速效钾（AK），具体实验方法参照鲁如坤（2000）的《土壤农业化学分析方法》。

8.1.2 土壤动物提取与分类方法

地下土壤动物提取方法（Tullgren干漏斗法）：土柱带回实验室后，用Tullgren干漏斗装置（Burkard Manufacturing Co. Ltd，Rickmansworth，UK）（滤网孔径5mm，白炽灯功率25W）收集14d，收集到的土壤动物保存在-20℃冰箱中供后续鉴定。

地上土壤动物收集方法（陷阱法）：将8cm×12cm的塑料杯置于取土柱所形成的孔洞中，杯口与地面齐平，杯中装有1/3体积的乙二醇（50%浓度）作为土壤动物诱导剂，每半个月收集一次地表土壤动物，样品保存于-20℃冰箱中供后续实验使用。

土壤动物鉴别及分类方法：将提取出的土壤动物在体视显微成像系统（Nikon SMZ25）下进行鉴别及分类。蜱螨纲分类为4个亚目：甲螨亚目（Oribatida）、中气门亚目（Mesostigmata）、前气门亚目（Prostigmata）、无气门亚目（Astigmata）。其中，甲螨亚目可分类为5个总群，即原甲螨总群，折甲螨总群，大孔甲满总群，无翅甲满总群，有翅甲螨总群，每个总群根据条件可分类到属；中气门亚目、前气门亚目、无气门亚目分类到属。弹尾目（Collembla）、双翅目（Diptera）、鞘翅目（Coleoptera）、膜翅目（Hymenoptera）、伪蝎目（Pseudoscorpionidea）、盲蛛目（Opiliones）、同翅目（Homoptera）、半翅目（Hemiptera）、蜘蛛目（Araneae）、毛翅目（Trichoptera）、缨翅目（Thysanoptera）等分类到科水平；唇足纲（Chilopoda）、倍足纲（Diplopoda）分类到目水平，寡毛纲（Oligochaeta）分为大蚓类和小蚓类。鞘翅目和双翅目的幼虫与成虫分开计算，幼虫单独作为一种类群纳入计算分析中（Crotty et al.，2014；Liu et al.，2016）。根据土壤动物群落占总体数量的比例，将土壤动物分成3种类群：比例在10%及以上的土壤动物为优势类群；比例在1%~10%的土壤动物为普通类群；比例为1%及以下的土壤动物属于稀有类群。

8.1.3 同位素测定及营养级计算方法

土壤动物同位素测定及计算方法：土壤动物进行分类后，以目为单位，装入锡囊中，105℃烘干至恒重，用百万分之一天平进行称量；转移一部分土壤动物样品（0.1~0.4mg）放入新的已烘干至恒重的锡囊中，封闭锡囊。碳氮稳定性同位素在深圳市华科精信检测科技有限公司进行测定，测定仪器为美国赛默飞世尔科技（Thermo Fisher Scientific）公司的DELTA V Advantage同位素比率质谱仪（isotope ratio mass spectrometer），土壤动物碳氮稳定同位素比值以$\delta^{13}C(‰)$和$\delta^{15}N(‰)$表征（Tiunov，2007）。

土壤动物营养级计算方法：营养级关系是群落内各生物成员之间最重要的联系，消费者和食物间的$\delta^{15}N$差异就是营养分馏，随着营养级增加，$\delta^{15}N$值不断增加，不同营养级间的$\delta^{15}N$富集值的平均值为3.4‰（Rasmussen，1999；Zanden et al.，1997）。

8.1.4　其他分析方法

土壤动物多样性指数计算方法：本研究采用类群丰富度 Richness（S）、Shannon-Weiner 多样性指数（H'）、Simpson 优势度指数（C）以及 Pielou 均匀度指数（E）来表征样品中土壤动物群落的多样性及丰富度情况。

数据统计分析方法：土壤动物群落个体数、类群数，土壤动物群落多样性，以及土壤理化性质与月份、样地间的显著性差异检验均采用单因素方差分析（One-Way ANOVA）按照邓肯多重范围（Duncans multiple-range）差异性检验进行分析。研究土壤动物群落与环境变量之间的关系则是采用主成分分析方法（principal component analysis，PCA）与典型对应分析（correspondence analysis，CCA）或冗余分析（redundancy analysis，RDA）来进行。

8.2　日本柳杉林土壤动物类群组成及密度年动态

本研究在日本柳杉林中共收集到地下土壤动物 48 类，隶属于 2 门 6 纲 14 目；土壤动物于 11 月密度最高，其次是 5 月份，7 月份最低，11 月份土壤动物密度值与其他月份之间差异显著（$P<0.05$），其他月份间则没有显著差异（$P>0.05$）。在日本柳杉林中收集到地上土壤动物 73 种，隶属于 2 门 7 纲 19 目；地上土壤动物密度在 7 月份达到年际高峰值，与除 6 月份外的其他月份形成显著差异（$P<0.05$），其他月份土壤动物密度值均保持相近和较低的水平（表 8-1）。

不同取样时间收集到的地下土壤动物在群落组成上存在差别（表 8-1）：5 月份，日本柳杉林优势类群是双翅目（28.57%）、弹尾目（24.22%）、甲螨亚目（20.81%）和中气门亚目（18.94%），普通类群有双翅目幼虫（2.17%），稀有类群有前气门亚目、鞘翅目、膜翅目、伪蝎目、蜘蛛目、双尾目、综合纲、寡毛纲等；7 月份，日本柳杉林优势土壤动物类群为双翅目（11.33%）、鞘翅目（18.86%）、膜翅目（18.86%）和同翅目（22.61%），普通类群有弹尾目（5.64%）、甲螨亚目（9.43%）、中气门亚目（3.79%）、伪蝎目（1.89%）、蜘蛛目（1.89%）、啮目（3.79%）和未知类群（1.89%），没有稀有类群；9 月份，日本柳杉林的土壤动物组成发生显著改变，只发现了 8 类土壤动物，甲螨亚目（56.26%）和中气门亚目（14.57%）占据优势类群，弹尾目、前气门亚目、双翅目、双翅目幼虫、唇足纲和双尾目为普通类群，没有稀有类群；11 月份，日本柳杉林优势类群为甲螨亚目、中气门亚目和弹尾目，总占比为 92.64%，普通类群仅为前气门亚目、双翅目、双翅目幼虫 3 个土壤动物类群，稀有类群则包括 4 个土壤动物类群；2 月份，弹尾目，甲螨亚目和中气门亚目是日本柳杉林的优势类群，优势类群总占比为 89.46%，普通类群为前气门亚目、双翅目幼虫、膜翅目和伪蝎目，没有稀有类群；4 月份，日本柳杉林有甲螨亚目（45.43%）、中气门亚目（21.58%）和双翅目（18.17%）三个优势类群，其余类群均为普通类群。

地上部土壤动物在组成类群上要比地下部分丰富复杂，优势类群的组成上也更加体现了土壤动物适应地上环境的特点（表 8-2）。日本柳杉林全年出现的优势地上土壤动物类群有 8 类，弹尾目、盲蛛目、鞘翅目、膜翅目、蜘蛛目、双翅目、寡毛纲和甲螨亚目，分别曾 8 次、5 次、5 次、4 次、1 次、1 次、1 次、1 次作为优势类群出现在日本柳杉林内。

表 8-1　日本柳杉林地下部分土壤动物组成比例　　　　　　　　　　%

	5 月	7 月	9 月	11 月	2 月	4 月
弹尾目 Collembola	24.22	5.64	8.33	14.71	30.27	6.83
甲螨亚目 Oribatida	20.81	9.43	56.26	53.92	34.21	45.43
中气门亚目 Mesostigmata	18.94	3.79	14.57	24.01	24.98	21.58
前气门亚目 Prostigmata	0.62	–	2.09	1.47	5.26	2.28
双翅目 Diptera	28.57	11.33	6.24	1.47	–	18.17
双翅目幼虫 Diptera larvae	2.17	–	8.33	1.96	2.64	2.28
鞘翅目 Coleoptera	0.93	18.86	–	0.49	–	–
膜翅目 Hymenoptera	0.62	18.86	–	–	1.32	2.28
伪蝎目 Pseudoscorpionidea	0.62	1.89	–	–	1.32	–
唇足纲 Chilopoda	–	–	2.09	–	–	–
同翅目 Homoptera	–	22.61	–	–	–	1.14
半翅目 Hemiptera	–	–	–	–	–	–
蜘蛛目 Araneida	0.31	1.89	–	0.49	–	–
毛翅目 Trichoptera	–	–	–	–	–	–
缨翅目 Thysanoptera	–	–	–	–	–	–
倍足纲 Diplopoda	–	–	–	–	–	–
双尾目 Diplura	0.31	–	2.09	0.49	–	–
综合纲 Symphyla	0.93	–	–	0.99	–	–
等翅目 Isoptera	–	–	–	–	–	–
寡毛纲 Oligochaeta	0.31	–	–	–	–	–
啮目 Psocoptera	–	3.79	–	–	–	–
未知	0.62	1.89	–	–	–	–

表 8-2　日本柳杉林地上动物优势类群组成及出现月份和次数

	5 月	6 月	7 月	8 月	9 月	10 月	11 月	12 月	2 月	3 月	4 月	总计
弹尾目 Collembola	1	1		1			1	1	1	1	1	8
盲蛛目 Opiliones	1				1	1	1		1			5
鞘翅目 Coleoptera		1	1	1	1	1						5
膜翅目 Hymenoptera		1	1	1		1						4
蜘蛛目 Araneida								1				1
双翅目 Diptera										1		1
寡毛纲 Oligochaeta										1		1
甲螨亚目 Oribatida											1	1

　　总体上看，日本柳杉林内土壤动物密度在 5 月以及 11 月均为高峰期，这符合日本柳杉叶片凋落及分解速度的自然规律。日本柳杉落叶高峰期出现在 9 月和 3 月（Sharma and

Pande，1989），而日本柳杉林地下土壤动物密度高峰期出现在 5 月与 11 月，这符合日本柳杉林凋落物的分解特征。日本柳杉树叶由于质地较硬，不适合大多数土壤动物直接取食，因此需要其他微生物先进行部分分解；而日本柳杉林内凋落物覆盖较厚、水热条件佳，微生物活动繁多，可加速日本柳杉树叶的分解；因此，日本柳杉林的土壤动物密度高峰比落叶高峰要来得晚些。

8.3 日本柳杉林土壤动物的生物量特征

日本柳杉林地下部土壤动物生物量变化趋势明显，呈现下降趋势：土壤动物生物量在 7 月份达到峰值（34.29mg），是 5 月份（17.99mg）的 2 倍左右，随后 9 月份骤降至最低值（2.88mg），并在此后的几个月份均保持较低水平（<5 mg）（表 8-3）。

表 8-3 地下部分土壤动物生物量　　　　　　　　　　　　　　　　　　　　　mg

	5 月	7 月	9 月	11 月	2 月	4 月
弹尾目 Collembola	0.05	0.07	–	0.27	0.16	0.06
甲螨亚目 Oribatida	1.09	0.7	0.61	1.65	0.86	0.76
中气门亚目 Mesostigmata	0.28	0.09	0.17	0.84	1.25	0.3
前气门亚目 Prostigmata	0.17	–	–	0.07	0.15	–
双翅目 Diptera	12.97	3.29	1.69	0.23	0	0.39
双翅目幼虫 Diptera larvae	0.05	–	0.41	0.42	0.2	0.4
鞘翅目 Coleoptera	1.07	22.5	–	–	–	–
膜翅目 Hymenoptera	0.21	1.68	–	–	–	–
伪蝎目 Pseudoscorpionidea	0.66	–		0.3	–	–
唇足纲 Chilopoda	1.43	1.15	–	–	0.79	–
同翅目 Homoptera	–	2.89	–	–	–	–
半翅目 Hemiptera	–	1.48	–	–	–	–
蜘蛛目 Araneida	–	–	–	–	–	–
毛翅目 Trichoptera	–	0.18	–	–	–	–
缨翅目 Thysanoptera	0.01	–	–	–	–	–
倍足纲 Diplopoda	–	–	–	–	–	–
双尾目 Diplura	–	0.26	–	–	–	0.21
综合纲 Symphyla	–	–	–	0.1	–	–
等翅目 Isoptera	–	–	–	–	0.86	–
寡毛纲 Oligochaeta	–	–	–	–	–	–
啮目 Psocoptera	–	–	–	–	–	–
未知	–	–	–	–	–	–
总计	17.99	34.29	2.88	3.88	4.27	2.12

地上部的土壤动物由于其活跃性强、生存能力强以及生存范围广的特点，导致其生物量的变化情况比地下部分复杂。日本柳杉林地上收集到的土壤动物生物量在全年出现了2个高峰期（7月和9月），并在10月后下降至极低水平，到4月又有所提升。日本柳杉林地上土壤动物的生物量在7~10月份值较高，其余月份较低，大部分低于100mg，甚至低于10mg。

从地上部与地下部土壤动物在总生物量中的贡献率来看：5月，日本柳杉林地下土壤动物生物量的主要贡献类群是双翅目；7月，则为鞘翅目（占总生物量的65.62%），而双翅目、同翅目、膜翅目、半翅目和唇足纲则占据小部分生物量；9月，双翅目和甲螨占据了大部分生物量；11月，日本柳杉林的生物量则主要集中在甲螨亚目和中气门亚目上；2月，日本柳杉林的土壤动物总生物量极低，其中，中气门亚目、等翅目和唇足纲占据了主要地位；4月，日本柳杉林的生物量则主要集中于甲螨亚目。

关于地上部土壤动物的生物量，主要分析那些生物量贡献率超过10%的类群的：在日本柳杉林中，鞘翅目、蜘蛛目、直翅目、盲蛛目、弹尾目、膜翅目、伪蝎目、双翅目和双翅目幼虫都曾对生物量作出较大贡献，其中，鞘翅目在5~9月及2月的生物量都曾高于10%，蜘蛛目则是在10~2月及4月生物量高于10%，其余类群的贡献月份可见表8-4。

表8-4　地上部分主要生物量贡献土壤动物出现月份及次数

	5月	6月	7月	8月	9月	10月	11月	12月	2月	3月	4月	总计
鞘翅目 Coleoptera	1	1	1	1	1				1			6
蜘蛛目 Araneida						1	1	1	1		1	5
直翅目 Orthoptera	1			1		1						3
盲蛛目 Opiliones				1						1		3
弹尾目 Collembola									1	1		2
膜翅目 Hymenoptera		1										1
伪蝎目 Pseudoscorpionidea									1			1
双翅目 Diptera										1		1
双翅目幼虫 Diptera larvae											1	1

土壤动物的生物量是样地内全部土壤动物烘干后的重量总和，因此土壤动物的组成和数量会影响土壤动物生物量，但并非决定性因素，生物量与土壤动物个体数量之间也不成严格的正相关关系。5月和7月，日本柳杉林土壤动物地下生物量在全年中居于较高位置，作出生物量主要贡献的动物类群是双翅目和鞘翅目。双翅目和鞘翅目在土壤动物类群中都属于中大型土壤动物。其他贡献主要生物量的动物类群，如膜翅目、唇足纲、等翅目和寡毛纲等，也都属于大型土壤动物。地上捕获的大型土壤动物数量比地下更多，组成上也更加丰富，除鞘翅目、膜翅目、双翅目之外，还有蜘蛛目、盲蛛目、直翅目、倍足纲等，均为地上动物生物量提供了极大部分。因此，中大型土壤动物在生物量中占据绝对优势，是

构成生物量的主体。张雪萍等人（1996）研究显示，大型土壤动物在有机质含量较高的土壤中生物量所占比例更高，这与本研究结果类似，即日本柳杉林地上部分土壤动物如鞘翅目、直翅目、膜翅目、盲蛛目比例更高。本研究地上与地下土壤动物多样性指数结果显示，日本柳杉林不同处理间多样性指数均无显著差异，这与张飞萍和尤民生（2007）的研究结果一致。

8.4 日本柳杉林土壤动物与环境变量间的关系

表 8-5 显示的是日本柳杉林土壤养分的理化特征，从中可以看出土壤 pH 在经过 7 月和 9 月的持续增长后，出现了下降的现象，然后到第二年时再上升，呈现恢复状态；土壤全磷含量在连续 3 次提高后到第二年开始下降，但比试验开始前的含量有所提高，变化幅度为 258.4mg/kg；土壤速效磷含量在年度中有 2 个高峰值，第一个高峰值出现在 7 月，第二个高峰值出现在 2 月；土壤有机质含量则在 7 月出现下降，并在 9 月出现上升。日本柳杉林的有机质含量较高，表明日本柳杉林的凋落物经过微生物、动物的分解作用后，能够较快地形成土壤腐殖质，提高日本柳杉林的土壤肥力。日本柳杉林的有机质含量在 5~9 月处于下降趋势，9 月后开始回升，这是因为土壤生物开始苏醒活动，对土壤有机质的分解行为刚刚开始，9 月后，土壤有机质被分解释放大量的养分进入土壤内，并合成丰富的腐殖质，从而使土壤有机质含量上升。随着有机质的变化，日本柳杉林土壤全氮含量也较高，并与有机质呈正相关关系，土壤氮的 95% 以上都是以有机态形式存在的（徐秋芳等，2000），RDA 分析中也可说明这一点。本研究结果与邹贵武（2017）对同一地区日本柳杉纯林的土壤养分测定结果基本一致。

表 8-5 日本柳杉林土壤养分特征

月份	pH	全磷（mg/kg）	有机质（mg/kg）	全氮（g/kg）	全钾（g/kg）	速效钾（mg/kg）	有效磷（mg/kg）
5 月	4.13±0.03aA	241.11±61.96aA	83.49±0.87abB	5.13±0.29aB	4.16±0.21abA	78.83±10.68aA	3.75±0.81aA
7 月	4.4±0.04aA	356.03±48.1abcA	62.22±7.09aA	5.14±0.32aB	4.72±0.34bcA	77.26±8.04aA	12.85±2.53bA
9 月	4.66±0.31aA	489.01±49.84cB	71.57±3.6abA	5.19±0.55aB	3.58±0.25aA	76.01±10.54aA	1.45±0.19aA
11 月	4.05±0.17aA	431.2±12.62bcB	75.57±9.02abA	7±0.82bB	4.87±0.04cA	74.11±6.48aA	3.18±0.94aA
2 月	4.24±0.08aA	230.61±31.13aA	86.74±11.64bB	5.22±0.29aB	3.54±0.12aA	60.47±9.83aA	11.08±1.78aA
4 月	4.45±0.07aA	315.96±61.17abA	78.71±3.92abA	4.97±0.22aC	3.89±0.22aA	81.55±10.66aA	2.06±0.27aA

注：数据表示为平均值±标准误差（$n=12$），不同处理和采样月份采用单因素分析方法进行显著性差异分析，各月份间差异程度用小写字母表示，大写字母表示不同处理间显著性差异水平（$P<0.05$ 为显著差异，$P>0.05$ 为不显著差异）。

通过主成分分析对土壤动物群落进行了分析研究发现，与周边其他林分相比，日本柳杉林的土壤动物群落存在着明显不同：其中，甲螨类群与日本柳杉林之间存在着显著正相关关系；而膜翅目、鞘翅目则与日本柳杉林存在负相关关系。加入环境变量进行冗余分析（RDA）分析发现，与日本柳杉林存在正相关关系的环境变量包括 TN、TP 和 OM，而与甲螨之间正相关性较强的环境变量也是这三个指标，这可能是导致甲螨与日本柳杉林存在正相关关系的主要原因，而 AK、AP 和 pH 则与甲螨类群存在着负相关关系；鞘翅目则与甲螨相反，其与 AK、AP 和 pH 存在正相关关系，而与 TN、OM 和 TP 存在负相关关系；双翅目与 TK 有极强的正相关关系，而与其他环境变量呈现负相关关系；中气门亚目与 TK 和 TN 有较好的正相关关系，而与其他环境变量存在负相关关系；而弹尾目与 TK 和 pH 有一定的正相关关系，与其他环境变量则呈现负相关关系；双翅目幼虫和膜翅目与环境变量间的相关性不强，而其他类群则与土壤 pH 有一定正相关性。

有研究发现，弹尾目主要生活在土壤腐殖质层以及凋落物层中，因而弹尾目的出现与森林有机质含量密切相关（王振中和李忠武，1998）。但是，RDA 显示本研究中弹尾目与有机质成负相关关系，这与 Rieff 等人（2016）得出植被类型对跳虫的分布存在影响的研究结果不一致，或许是与地表凋落物有关。研究表明，大多数土壤动物倾向于取食或作用于质地较细软的树叶及凋落物，尤其是弹尾目动物（张雪萍和仲伟彦，1996），由于对凋落物质地的敏感性导致日本柳杉林内弹尾目的数量较低。但是，地上部分收集到的弹尾目则更多倾向于活动在日本柳杉林中，这或许是因为日本柳杉的树叶虽然质地较硬，但是林内水热条件较好，微生物活动频繁，故而弹尾目多从地表中爬出取食微生物或细菌。螨虫是土壤中极其丰富且密度极高的动物类群，以往研究也发现土壤中大量存在的螨虫（Clapperton et al.，2002；Osler et al.，2008），但地上部分极少发现螨虫，一方面是由于螨虫均为小型动物，弹跳性、活跃性不如弹尾目强，多生活在土壤中及表面；另一方面是由于捕获方法具有缺陷，杯口通常会高于地表 2~3cm，而导致收集到的螨虫极少。本研究表明，甲螨亚目与土壤全氮、有机质、全磷含量的正相关性较大，与土壤 pH 负相关，这与其他研究结果不太一致。中气门亚目的分布同样与土壤全氮含量呈正相关，与全钾含量也存在正相关关系。地上地下部分作为优势类群出现的土壤动物类群还包括双翅目、鞘翅目。作为有翅昆虫，这两类动物的飞行能力较好，故而活动性强，部分爬行性鞘翅目在地表的活动也较为频繁，故而在日本柳杉林内均有不少收获。膜翅目主要由蚂蚁类群组成，活动主要在春季开始，秋、冬季较少。作为一种社会性昆虫，地下土壤中的蚂蚁数量丰富，其地下筑巢及其他地下活动均能够提高土壤的有机质、全氮、全磷含量（鱼小军等，2010；陈元瑶，2011），因而，蚂蚁数量较丰富的日本柳杉纯林有机质含量也较高。不同土壤动物类群对植被、土壤环境变化的响应模式和适应机理不同，也充分反映了它们在生活史、营养方式、繁殖特征和生物学特性等方面的综合性差异（Yaacobi et al.，2007；刘继亮等，2013），这些差异决定了土壤动物群落结构的变化趋势。

8.5 日本柳杉林土壤动物营养级和食物网动态变化

进行营养级测定和食物网分析需要对主要土壤动物类群进行稳定性同位素分析。本研究选取了生物量达到测定要求的土壤动物类群，按照目或纲的分类水平进行分类并测定其 $\delta^{13}C$ 和 $\delta^{15}N$ 的含量。测定时，我们选取了 4 个月份来分别代表夏季（7 月）、秋季（11 月）、冬季（2 月）和春季（4 月），测定结果如下。

不同季节日本柳杉林土壤动物的氮同位素测定值变化极大，其中，夏季的 $\delta^{15}N$ 值浮动范围是 3. 19~7. 72，其最小值和最大值分别出现在甲螨亚目和半翅目；秋季的 $\delta^{15}N$ 值在

3.40~12.32，最小值和最大值类群分别是甲螨亚目和前气门亚目，秋季土壤动物的整体δ¹⁵N值比夏季有所增加；冬季的δ¹⁵N值在3.29~9.12，最小值类群是甲螨亚目，最大值类群是唇足纲；春季的δ¹⁵N值浮动在1.08~8.50，最小值和最大值类群分别是双翅目幼虫和弹尾目。

从不同土壤动物类群角度看，伪蝎目和蜘蛛目的δ¹⁵N值一直处于较高水平，而弹尾目在秋季和春季的δ¹⁵N值也处于极高水平，比夏季和冬季的值高出1倍左右；中气门亚目的δ¹⁵N值在各季节中处于中上水平；而两个季节测定的前气门亚目δ¹⁵N值在当季中属于较高位置；与当季同样地其他土壤动物δ¹⁵N值相比，倍足纲和唇足纲δ¹⁵N值也处于较高甚至最高水平。

将各季节土壤动物δ¹⁵N值进行平均值计算后，得到土壤动物各类群全年的平均δ¹⁵N值。土壤动物的营养级水平则是在平均值基础上进行计算。土壤动物各类群全年δ¹⁵N平均值最小为甲螨亚目（3.2748），这可能是由于甲螨亚目多以真菌、凋落物为食，属于初级消费者的原因。我们以甲螨亚目3.2748的δ¹⁵N值作为δ¹⁵N_baseline来计算其他土壤动物的营养级发现，日本柳杉林内甲螨亚目、双翅目幼虫、鞘翅目、弹尾目的营养级位置均在第2级，这些类群多为消费者；而双翅目、唇足纲、中气门亚目在相同样地内的营养级位置在第3级，说明这三个类群的营养级位置有所提高，或许与具体收集到的种类有关。膜翅目、半翅目在第3级营养级，而伪蝎目则位于第4级（图8-1）。

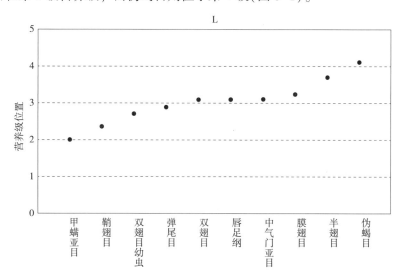

图8-1　日本柳杉林土壤动物类群营养级

森林植被类型的变化，会影响地下土壤养分条件。土壤动物对植被、土壤条件的改变做出相应的取食上的调整，从而影响土壤动物营养级水平。在日本柳杉林中，弹尾目和甲螨亚目均处于第2营养级位置，表明弹尾目的取食对象未发生较大改变，仍以腐败物、细菌、真菌类为食（陈建秀等，2007）。甲螨亚目则以大多数土壤碎屑为食，包括植物、真菌、地衣及各种有机物碎屑等（Siepel，1990），故而处于第2级消费者地位。本研究中，中气门亚目营养级位于双翅目幼虫、弹尾目之上，表明在日本柳杉林中，中气门食物来源丰富，中气门亚目优先进行捕食性取食活动，其次考虑凋落物等植物作为食物来源。日本柳杉林中膜翅目在食物网中营养级位置为第 3 级较高位置，而在附近的毛竹林中降为第 2 级，表明林分组成对膜翅目取食行为产生影响，使其在科属组成上偏向于捕食性种类（王常禄，1993）。在营养级顶端位置，半翅目、蜘蛛目和伪蝎目仍然在日本柳杉林中保持优势。郑冬梅等（2013）对冶金区节肢动物营养级研究结果显示，蜘蛛的 $\delta^{15}N$ 值高于其他动物，营养级位于第 3 级，属于次级消费者，赵璐等（2017）对贵州织金洞动物营养级进行研究同样发现，蜘蛛位于第 3 营养级，在对伪蝎目的一项研究中也发现了类似结果（Peter et al.，2009）。这表明对于营养级顶端物种，其位置相对稳定。

综上所述，在林分变化过程中，部分土壤动物为适应植被、土壤养分及食物来源组成的变化情况时，会采取相应的取食行为和活动方面的转变，以达到生存、繁衍的目的。同时，也存在部分土壤动物的营养级受环境影响较小，反映出它们对环境变化的高度适应或多样的食物来源。

主要参考文献

陈建秀，麻智春，严海娟，等，2007. 跳虫在土壤生态系统中的作用[J]. 生物多样性，15(2)：154-161.

陈元瑶，2011. 秦岭地区两种蚂蚁巢内土壤理化性质和微生物多样性的研究[J]. 杨凌：西北农林科技大学.

林光辉，2013. 稳定同位素生态学[J]. 北京：高等教育出版社.

刘继亮，曹靖，张晓阳，等，2013. 秦岭西部日本落叶松林大型土壤动物群落特征[J]. 应用与环境生物学报，19(4)：611-617.

鲁如坤，2000. 土壤农业化学分析方法[M]. 北京：中国农业科技出版社.

PETER W，贾莹，朱明生，等，2009. 伪蝎生物学[J]. 蛛形学报，18(2)：92-128.

王常禄，1993. 森林蚂蚁的研究与利用[J]. 世界林业研究，5：35-40.

王振中，李忠武，1998. 庐山人工针叶林土壤动物群落调查[J]. 湖南师范大学自然科学学报(4)：83-88.

徐秋芳，姜培坤，董郭义，2000. 毛竹林地土壤养分动态研究[J]. 竹子学报，19(4)：46-49.

殷秀琴，宋博，董炜华，等，2010. 我国土壤动物生态地理研究进展[J]. 地理学报，65(1)：91~102.

尹文英，2000. 中国土壤动物[M]. 北京：科学出版社.

鱼小军，蒲小鹏，黄世杰，等，2010. 蚂蚁对东祁连山高寒草地生态系统的影响[J]. 草业学报，19(2)：140-145.

张飞萍，尤民生，2007. 不同林分类型毛竹林节肢动物群落的多样性与稳定性[J]. 昆虫学报，50(1)：31-37.

张雪萍，崔国发，陈鹏，1996. 人工落叶松林土壤动物生物量的研究[J]. 应用生态学报，7(2)：150-154.

张雪萍，仲伟彦，1996. 阔叶树落叶分解过程与土壤动物的作用. 林业科技(3)：1-4.

赵亮，易现峰，周华坤，等，2004. 用稳定性同位素技术确定高寒草甸生态系统中动物营养级模型[J]. 动物学研究，25(6)：497-503.

赵璐，徐承香，黎道洪，等，2017. 应用碳氮稳定同位素研究贵州织金洞动物食物来源与营养级[J]. 生态学杂志，36(5)：1444-1451.

郑冬梅，孙丽娜，李卉颖，等，2013. 冶金区节肢动物碳、氮稳定同位素组成及营养级关系[J]. 生态学杂志，32（7）：1857-1861.

邹贵武，2017. 庐山日本柳杉林地下菌根真菌群落对毛竹扩张和林窗形成的响应[J]. 南昌：江西农业大学。

CLAPPERTON M，KANASHIRO D，BEHAN-PELLETIER V，2002. Changes in abundance and diversity of microarthropods associated with two fescue prairie grazing regimes[J]. Pedobiologia，46：496-511.

CROTTY F，BLACKSHAW R，ADL S，et al.，2014. Divergence of feeding channels within the soil food web determined by ecosystem type[J]. Ecology and Evolution，4（1）：1-13.

EDWARDS C，BOHLEN P，1996. Biology and ecology of earthworms[J]. Agriculture Ecosystems & Environment，64（1）：426.

HALAJ J，PECK R，NIWA C，2005. Trophic structure of a macroarthropod litter food web in managed coniferous forest stands：a stable isotope analysis with $\delta^{15}N$ and $\delta^{13}C$[J]. Pedobiologia，49（2）：109-118.

HENEGHAN L，COLEMAN D，ZOU X，et al.，1999. Soil microarthropod comtributions to decomposition dynamics：trophic-temperate compatisons of a single substrate[J]. Ecology，80（6）：1873-1882.

KRANTZ G，WALTER D，2009. A manual of acarology[M]. Texas：Texas Tech University Press.

LAVELLE P，1997. Faunal activities and soil processes：adaptive strategies that determine ecosystem function[J]. Advances in Ecological Research，27（08）：93-132.

LIU W，ZHANG J，NORRIS S，et al.，2016. Impact of grassland reseeding，herbicide spraying and ploughing on diversity and abundance of soil arthropods[J]. Frontiers in Plant Science，7：1200.

OSLER G，HARRISON L，KANASHIRO D，et al.，2008. Soil microarthropod assemblages under different arable crop rotations in Alberta，Canada[J]. Applied Soil Ecology，38（1）：71-78.

RASMUSSEN J，1999. Primary Consumer $\delta^{13}C$ and $\delta^{15}N$ and the trophic position of aquatic consumers[J]. Ecology，80（4）：1395-1404.

RIEFF G，NATAL-DA-LUZ T，SOUSA J，et al.，2016. Collembolans and Mites Communities as a Tool for Assessing Soil Quality：Effect of Eucalyptus Plantations on Soil Mesofauna Biodiversity[J]. Current Science，110（4）：713.

SHARMA S，PANDE P. 1989. Patterns of litter nutrient concentration in some plantation ecosystems[J]. Forest Ecology and Management，29（3）：151-163.

SIEPEL H，1990. Niche relationships between two panphytophagous soil mites，Nothrus silvestris Nicolet（Acari，Oribatida，Nothridae）and Platynothrus peltifer（Koch）（Acari，Oribatida，Camisiidae）. Biology and Fertility of Soils，9（2）：139-144.

TIUNOV A，2007. Stable isotopes of carbon and nitrogen in soil ecological studies[J]. Biology Bulletin，34（4）：395-407.

YAACOBI G，ZIV Y，ROSENZWEIG M，2007. Effects of interactive scale-dependent variables on beetle diversity patterns in a semi-arid agricultural landscape[J]. Landscape Ecology，22（5）：687-703.

ZANDEN M，CABANA G，RASMUSSEN J，1997. Comparing trophic position of freshwater fish calculated using stable nitrogen isotope ratios（$\delta^{15}N$）and literature dietary data[J]. Canadian Journal of Fisheries and Aquatic Sciences，54（5）：1142-1158.

第九章　日本柳杉林土壤丛枝菌根真菌特征

　　丛枝菌根真菌(arbuscular mycorrhizal fungi，AM 真菌)是一种在土壤中广泛分布的微生物，据统计其与 90%以上的高等植物形成互利共生体(Helgason et al.，1998)。在植物和 AM 真菌的共生关系中，AM 真菌从宿主植物得到碳水化合物，同时提供给植物更多的矿质养分作为回报(冯固和李晓林，2001)。此外，AM 真菌所形成的菌丝网能够提高养分，尤其是能提高难溶性养分的空间有效性和长距离运输能力，能够为宿主植物提供更多的养分进而促进植株的生长(冯固和李晓林，2001)。AM 真菌能够提高植物对于土传病害和干旱的抵抗能力(Singh et al.，2014；Hassan et al.，2011；Alguacil et al.，2011)，还能对土壤结构产生影响。Gillespie 等(2011)发现，AM 真菌的菌丝结构能够促进土壤的团粒结构形成，改善土壤的物理状况，从而为植物根系生长提供良好的土壤环境。近年来，许多学者的研究也发现丛枝菌根真菌对植物群落结构的演替和稳定性方面具有重要的生态学意义(Hassan et al.，2011；Koziol and Bever，2015)。森林生态系统中 AM 真菌菌根植物比较丰富，杨秀丽(2010)对大兴安岭兴安落叶松森林调查发现，与 AM 真菌形成共生关系的植物占 88.9%。此外，森林生产力也受到菌根类型的影响，石兆勇等(2012)基于全球森林数据的研究发现，AM 类型菌根森林的净初级生产力显著高于外生菌根类型森林。作为一种对植物生长有着重要作用的共生真菌，在日本柳杉纯林遭受干扰时，会对 AM 真菌群落产生怎样的影响尚未见报道。本研究采用 454 焦磷酸测序技术(454 pyrosequencing)对日本柳杉林以及林窗干扰下土壤 AM 真菌群落特征进行了研究，并结合土壤矿质养分分析来探究日本柳杉林土壤 AM 真菌群落多样性及组成的变化以及日本柳杉林中土壤 AM 真菌群落对林窗形成的响应关系，并探究土壤 AM 真菌在这一过程中功能的变化。

9.1　研究方法

9.1.1　样地设置与样品采集方法

　　日本柳杉纯林样地位于江西省九江市庐山自然保护区境内金竹坪区域(29°32′45.36″N，115°57′19.62″E，海拔 964m)。林窗样地是在上中南路附近选取，包括一块日本柳杉纯林与数个林窗：纯林样地大小为 30m×30m(pure forest，简称 PF)；林窗样地大小为 10m×10m(forest gap，简称 FG)，形成于 2012 年林相改造，样地基本信息见表 9-1。

　　土壤取样方法：土壤取样于 2014 年 10 月进行。用土钻(内径 5cm)采用 9 点取样法在每个样方中分 2 层(0~10cm，10~20cm)进行。在金竹坪处共取得 6 个分层混合土样(3 个样方重复；2 个土层深度)；在上中南路(林窗试验)共取得 12 个分层土样(2 个处理；3 个样方重复；2 个土层深度)。土壤过 2 mm 筛，送回试验室进行后续保存、分析。

表 9-1　日本柳杉林窗试验样地信息

样地编号	样地面积	地点	海拔	林分密度(株/hm²)	坐标	郁闭度
纯林 PF	30m×30m	上中南路	1084	1222	115°58′11″E 29°34′41″N	0.8
林窗 FG	10m×10m	上中南路	1050	3500	115°58′18″E 29°33′26″N	0

9.1.2　土壤理化性质及孢子密度测定方法

土壤含水量采用烘箱在 105℃下烘 6h 后称重计算；土壤 pH 采用玻璃电极法测定(水土比 v：w=2：1)；土壤有机质和有机碳的含量采用重铬酸钾加热消化法进行测定；速效磷采用 0.5 M NaHCO₃浸提比色法进行测定。全磷测定采用硫酸-高氯酸消煮法以及钼锑抗比色法，全氮测定采用凯氏定氮法，详细步骤见土壤农业化学分析方法(鲁如坤，2000)。孢子采用湿筛法提取后在显微镜下计数(刘润进和李晓林，2000)。

9.1.3　分子生物学试验方法

土壤 DNA 采用 FastDNA SPIN Kit for soil(Aidlab Biotechnologies Co.，Ltd)试剂盒按照说明书从 0.5g 鲜土样品中提取。本研究采用巢式 PCR 进行扩增：第一步 PCR 反应采用的引物为 AML1 和 AML2(Lee et al.，2008)；第二步 PCR 反应采用的引物为 NS31 和 AM1(Helgason et al.，1998)。PCR 反应体系和条件等参照 Xiang 等(2014)的方法并加以调整。采用 454 焦磷酸测序技术(454 pyrosequencing)对纯化产物进行测序：平均每样品 1 万条测序数据，序列平均读长在 300~600bp，测序过程由上海美吉生物医药科技有限公司完成。将得到的 AM 真菌序列在 NCBI 数据库中进行 BLAST 对比，所有序列按照大于 97%的相似性水平分为操作单元(operational taxonomic units，OTU)(Xiang et al.，2014；Vandenkoornhuyse et al.，2002)。为了得到每个 OTU 对应的物种分类信息，采用 RDP classifier 贝叶斯算法对 97%相似水平的 OTU 代表序列进行分类学分析，并在各个水平(域，界，门，纲，目，科，属，种)统计每个样品的群落组成(Genbank，http：//www.ncbi.nlm.nih.gov/)。各个 OTU 的代表序列及其在 NCBI 中的匹配最为亲密的参考序列用 Clustal X 和 MEGA4 软件进行序列对齐以及构建系统发育树。

9.1.4　数据统计分析方法

使用 SPSS 17.0 对试验中的土壤理化性质、AM 真菌孢子密度以及 AM 真菌群落多样性指数按照 Duncans multiple-range 差异性进行单因素方差分析(One-way ANOVA)；样地和土层深度之间的交互作用也用双因素方差分析(Two-way ANOVA)进行分析。使用 Canoco 4.5 分析 AM 真菌群落差异及其与环境变量之间的关系：主成分分析(principal component analysis，PCA)用于分析环境对 AM 真菌类群分布的解释度；典范分析 CCA(canonical correspondence analysis，CCA)用于分析植被变化与环境变量与 AM 真菌群落之间的关系。使用 Office excel 2010 计算理化性质、AM 真菌孢子密度以及群落多样性指数。

9.2 日本柳杉林土壤丛枝菌根真菌群落特征

9.2.1 日本柳杉林土壤 AM 真菌群落丰富度及多样性特征

通过克隆测序的方法从日本柳杉纯林中检测到 49194 条序列（每个样地中序列条数的范围为 7720~8731），在上下层土壤分别检测到 63 个和 59 个 OTU，与周边林分相比（毛竹林为 72 和 74；毛竹-日本柳杉混交林为 77 和 76），并结合 Shannon-Wiener、Simpson、均匀度等各项群落多样性指数分析发现，日本柳杉林 AM 真菌群落的丰富度和多样性相对较低，并且土壤深度在这个过程中对 AM 真菌的丰富度和多样性指数并没有显著影响（表 9-2）。

表 9-2　日本柳杉林土壤 AM 真菌群落多样性

土层（cm）	丰富度	Shannon-Wiener 指数	Simpson 指数	均匀度
0~10	63.00±4.58a	2.84±0.14a	0.891±0.023a	0.687±0.023a
10~20	59.00±2.31a	2.80±0.07a	0.894±0.006a	0.686±0.013a

注：数据表示的是平均值±标准误（$n=3$），不同土壤深度采用 Duncans multiple-range 显著性进行分析，并用不同小写字母代表差异达到显著水平（$P<0.05$）。

日本柳杉林中球囊霉门球囊菌目-未纯培养属（Glomerales-uncultured）是最为丰富的类群（图 9-1），相对丰度达到 60.38%；相对丰度第二高的为根内根孢囊霉属（*Rhizophagus*），相对丰度为 24.92%；球囊菌目-未分类属（Glomerales-unclassified）的相对丰度为第三高（11.62%）；球囊菌目-未定名属（Glomerales-norank）的相对丰度为 0.3%；巨孢囊霉属（*Gigaspora*）的相对丰度为 0.92%。随着土壤深度的增加，AM 真菌群落组成并没有出现显著变化。

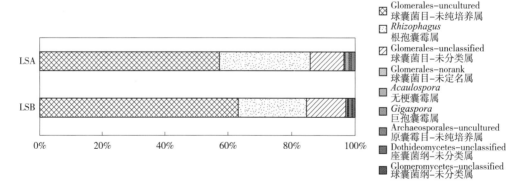

图 9-1　日本柳杉林中土壤 AM 真菌群落组成

注：LS 为日本柳杉，A 和 B 分别代表 0~10cm 和 10~20cm 土层。

9.2.2 影响日本柳杉林土壤 AM 真菌群落的因素

采用主成分分析（PCA）来表征日本柳杉林与其他相近林分土壤 AM 真菌群落的分布特

征差异(以 OTU 为代表)(图 9-2)发现，日本柳杉林的土壤 AM 真菌群落与周边林分相比有着较明显的差异；进一步通过典范对应分析(CCA)研究环境因子与 AM 真菌群落的关系发现，日本柳杉林中土壤 AM 真菌的分布与土壤 TN 含量、TP 含量呈明确的正相关关系，与 pH 呈负相关关系。

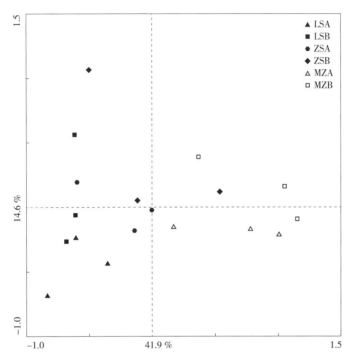

图 9-2　日本柳杉林与周边林分土壤 AM 真菌群落特征主成分分析

注：LS 代表日本柳杉林，ZS 代表毛竹-日本柳杉混交林，MZ 代表毛竹林；A 代表 0~10cm 土层，B 代表 10~20cm 土层。

土壤有机质是土壤中十分重要的成分，它的主要来源是地表的植物，其稳定性和分解性受到植被类型、气候、土壤养分和土地的利用方式的影响(Stockmann et al.，2013；Ostle et al.，2009)。日本柳杉林中土壤有机质含量与其他相近林分相比较高，这与其他研究结果类似，例如，Wang 等(2016)和 Chang 等(2015)在毛竹林和日本柳杉林的比较研究中也发现日本柳杉林中土壤有机质含量较高。凋落物成分的差异是导致土壤有机质含量不同的主要原因，日本柳杉的凋落物较难分解，其林下土壤中的碳循环十分缓慢(Nakane，1995)。与周边林分相比(毛竹林、毛竹-日本柳杉混交林)，日本柳杉林土壤 AM 真菌群落丰富度(OTU 数量)相比也较低，这可能与日本柳杉根系分泌的化感物质有关；此外，日本柳杉地下根系的生物量对此过程也有着重要影响(Chang and Chiu，2015)。根系分泌物不但对微生物量产生着积极作用，并且对其群落构成也有着重要影响(毛坤财等，2016)。有研究表明，虽然 AM 真菌不是严格的专性共生微生物，但是和宿主植物间还是存在着一定的科属专一性(宋会兴和钟章成，2009)。日本柳杉林土壤 AM 真菌群落的多样性指数均明显低于周边林分，这可能是由于日本柳杉能够和特定类群的 AM 真菌形成共生关系，且其根际的 AM 真菌种类比其他林分更少的原因。

9.3　林窗形成对日本柳杉林土壤丛枝菌根真菌的影响

自然界中由于各种因素的作用，林窗常以不同的形式出现在森林生态系统中并成为一种最为普遍的干扰方式。林窗是植被更新和演替的主要动力，因此已经引起了广泛的关注（谭辉等，2007）。林窗对森林结构动态和生物多样性的维持均起着重要作用，有研究表明，通过林窗能够优化马尾松人工林的生态系统结构，提高人工林生态系统的多样性和稳定性（Elias and Dias，2009）。在某些森林生态系统中，林窗成为加速同龄人工纯林、更新缓慢的老龄林及次生林结构优化的重要干扰措施（崔宁洁等，2014）。林窗的形成会导致内部小环境特征发生相应的变化，并会随着林窗的大小、形状和位置的不同而表现出不同的特点（刘文杰等，2000），而且对植物种群的更新、物种组成也有重要影响（管云云等，2016）。土壤微生物对环境的变化较为敏感，能够迅速地对环境的变化做出响应（欧江等，2014）。目前，关于林窗对土壤微生物影响的研究多集中于微生物生物量，对更进一步的群落生态特征及其生态功能的研究还十分罕见。

9.3.1　日本柳杉林窗土壤理化性质和 AM 真菌孢子密度

除了日本柳杉林样地表层土壤的含水率特别高外，林窗内和对照的纯林样地其余土样的含水率几乎是一致的。尽管在不同样地和深度的土壤中有机质、全磷、速效磷的含量并没有显著差别，但是样地的变化对土壤有机质含量存在着极显著影响（$P<0.01$）。土壤全氮含量在不同样地之间也没有显著差异，不过表层土壤全氮含量均显著高于底层土壤含量（$P<0.05$）。林窗中表层土壤速效钾含量高达 125.2mg/kg，显著高于其他土样（$P<0.05$）。除对照纯林表层土壤的 pH 显著高于底层土壤和林窗内的表层土壤外（$P<0.05$），其余土样之间没有显著差异。林窗形成后，土壤中 AM 真菌孢子密度在各土层土壤中均出现下降，表层土壤的下降尤为显著（$P<0.05$）。除速效钾含量外，林窗内土壤养分含量总体上比对照的纯林的更低，样地的不同对土壤含水率、有机质含量、孢子密度含量存在着显著影响。随着土层深度的增加，除全磷含量增加外，其余指标均随着深度的增加而减少，其中，土壤深度对土壤有机质、全氮、速效钾含量、含水率和孢子密度均有着显著影响（$P<0.05$）。土壤深度与样地处理对 pH 和土壤含水率的影响存在着交互作用（$P<0.05$）。统计结果显示，含水量受样地和土层以及它们之间交互作用的影响，很有可能是由对照纯林中表层土的异常值导致的（表 9-3）。

周义贵等（2014）对川西亚高山地区米亚罗林区云杉林中的林窗进行研究发现，林窗处理能够显著提高土壤有机碳含量和微生物生物量碳，这和林窗内的植物残体有很大关系。在我们的试验中，林窗内土壤有机质含量低于旁边的纯林，主要是因为在 2012 年林相的转化（即林窗的形成）过程中，植物残体被清理掉，而周边纯林样地土壤继续接收植物的凋落物，因此林窗内土壤有机碳含量更低。土壤中的全氮和速效磷主要来自于有机质的分解，因而和有机质含量的变化呈现出一样的变化趋势（耿玉清等，2002）。土壤全磷是一种特殊类型的养分，其分布受母质、地形和土地利用的矿物组成影响，但受植被影响较小，因而没有表现出明显的规律。速效钾含量的变化与其他理化性质表现出相反的趋势即林窗内含量更高，这可能是由凋落物 K 含量的差异所引起的。林窗产生后促进草本和灌木的更

表 9-3　日本柳杉林窗验样地土壤理化性质和孢子密度

样地名称	含水率（%）	有机质（g/kg）	全氮（g/kg）	全磷（mg/kg）	速效磷（mg/kg）	速效钾（mg/kg）	pH	孢子密度（个/克）
PFA	94.96±6.67a	117.2±16.0a	4.55±0.6a	424.4±52.8a	67.9±24.4a	83.1±8.8b	4.70±0.12a	34.1±6.6a
PFB	58.43±0.75b	81.0±11.3a	2.80±0.4b	550.3±67a	37.5±8.4a	65.9±8.8b	4.43±0.02b	8.5±3.4b
FGA	56.28±0.67b	93.3±12.4a	4.33±0.2a	391.1±84.2a	32.4±2.0a	125.2±12.5a	4.40±0.06b	14.2±2.0b
FGB	57.17±2.14b	83.4±10.2a	2.76±0.1b	508.1±106.8a	41.2±16.4a	67.8±11.6b	4.57±0.02ab	3.0±0.6b
差异分析								
样地处理	＊＊＊	＊＊＊	ns	ns	ns	ns	ns	＊
土层深度	＊＊	＊	＊＊	ns	ns	＊＊	ns	＊＊
处理和土层的交互作用	＊＊	ns	ns	ns	ns	ns	＊	ns

注：PFA 表示日本柳杉纯林 0~10cm 土壤，PFB 表示日本柳杉纯林 10~20cm 土壤，FGA 表示林窗 0~10cm 土壤，FGB 表示林窗 10~20cm 土壤。

新（Dupuy and Chazdon，2008），在阔叶树种树叶干物质量中钾的比例为 2.5%，而在针叶树种中这个比例大概只有 1%（赵仲鋆，1991）。孢子密度能够一定程度上表征 AM 真菌在不良环境条件下的分布和丰度（Abbott and Robson，1991），从我们的试验结果可以看出土壤有机质含量越高的样地中孢子密度也越高，从侧面说明了有机质含量高对 AM 真菌有利。

9.3.2　日本柳杉林窗 AM 真菌群落丰富度及多样性特征

通过克隆测序的方法从林窗样地中检测到 45140 条序列（每个土样中序列条数的范围为 5781~9218），对照柳杉样地中检测到 40471 条序列（每个土样中序列条数的范围为 4724~8830）。稀疏曲线是采用随机抽样的方法从大样本中抽取一定数量的个体，统计所抽取的个体中包含的物种数量，然后以抽取的个体数与物种数来构建曲线。按照上述方法序列随机抽样，以抽取到的序列数和它们所代表 OTU 的数量构建曲线，当曲线趋于平坦时，说明测序数据量合理，继续增加测序数量只能发现少量新的 OTU，反之则表明增加测序数量还能发现较多新 OTU。因此，通过比较稀疏曲线和测序的数量，可判断样品测序深度情况。如图 9-3 所示，本试验的所有样品测序深度均已达到平台期，足以检测出土壤中绝大多数 OTU，测序结果合理。

在日本柳杉纯林对照样地 0~10cm 和 10~20cm 土层土壤中分别检测到 57 个和 60 个 AM 真菌 OTU，林窗内分别只检测到 46 个和 42 个，依次比对照样地中下降了 19.82% 和 30.5%。虽然各个土样间差异不显著，但在样地间存在着显著差异（$P<0.05$），说明林窗的形成确实会降低土壤中 AM 真菌的丰富度。跟对照样地相比，林窗内各层土壤 AM 真菌群落的 Shannon-Wiener、Simpson、Evenness 等多样性指数均更低，其中底层土壤的 Shannon-Wiener 指数下降比较显著（$P<0.05$）。林窗内 AM 真菌群落的所有多样性指数均出现显著下降（$P<0.05$），Shannon-Wiener、Simpson、Evenness 的下降幅度分别为 26.28%、16.58%、19.74%，其中，Shannon-Wiener 指数的下降更是达到极显著水平（$P<0.01$）（表 9-4）。虽然土壤深度对 AM 真菌群落的丰富度和多样性指数均没有显著影响，整体上却表

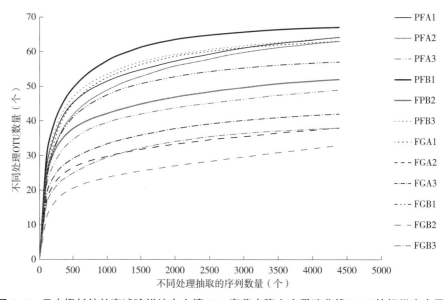

图9-3　日本柳杉林林窗试验样地中土壤AM真菌克隆文库稀疏曲线（97%的相似度水平）

注：本文出现的所有样地名称中PF、FG分别代表日本柳杉纯林对照样地和日本柳杉林窗样地，A和B分别代表该样地中的0~10cm土层和10~20cm土层，最后的阿拉伯数字1、2、3表示的是重复。

现出一定的规律：在日本柳杉纯林对照样地中，AM真菌群落的丰富度和多样性均是底层土壤的稍高于表层土壤的，到了林窗样地中表层土壤的各项指数则稍高于底层土壤的。

表9-4　日本柳杉林窗验样地AM真菌群落多样性

样品名称	Richness		Shannon-Wiener		Simpson		Evenness	
PFA	57.00±5.03a	A	2.96±0.09a	A	0.9199±0.007a	A	0.7154±0.024a	A
PFB	60.00±4.58a		3.02±0.13a		0.9256±0.007a		0.7392±0.020a	
FGA	45.67±7.17a	B	2.39±0.10ab	B	0.8297±0.017a	B	0.6294±0.004ab	B
FGB	41.67±7.31a		2.02±0.43b		0.7099±0.137a		0.5379±0.096a	
样地处理	*		* *		ns		*	
土层深度	ns		ns		ns		ns	
样地处理和土层的交互作用	ns		ns		ns		ns	

注：数据表示的是平均值±标准误（$n=3$），不同处理和土壤深度采用Duncans multiple-range显著性进行分析，并用不同小写字母代表差异达到显著水平（$P<0.05$），不同大写字母表示样地之间差异达到显著水平（$P<0.05$）。采用Two-way ANOVA分析样地和土壤深度对AM真菌群落多样性的影响的交互作用（ * 代表$P<0.05$；* * 代表$P<0.01$；* * * 代表$P<0.001$；ns代表无显著性non-significant）。

　　地上植被类型和土壤微生物的多样性之间有着十分紧密的联系，因为不同的植被类型之间其凋落物的生物化学组成和养分的含量均存在差异（Russo et al.，2013），环境遭受干扰也会对AM真菌群落造成影响，同一种植物根际的AM真菌群落多样性在未受干扰的环境中要高于遭遇干扰的环境（Li et al.，2010）。Sykorova等（2007）通过分子生物学的方法对高山草甸中的AM真菌群落进行研究发现，AM真菌的群落组成显著受到宿主植物种类的影响。林窗作为自然界中普遍存在的一种干扰方式，能够直接改变植物的群落，从而改变与植物共生的 AM 真菌群落组成。本研究发现，日本柳杉纯林样地中 AM 真菌群落的 OTU 数量、Shannon-Wiener、Simpson、Evenness 等多样性指数均显著高于林窗样地，说明林窗形成后 AM 真菌的丰富、多样性和均匀度均下降。植物多样性假说，即植物多样性的增加导致像土壤结构和根系结构等土壤微气候和生境的复杂化从而提供更多的生态位，是解释微生物多样性分布格局的重要理论基础（Waldrop et al.，2006；Hooper et al.，2000）。较多研究表明植物多样性和 AM 真菌多样性之间存在着明显的正相关性（Waldrop et al.，2006；Hooper et al.，2000）。我们的试验结果并不符合植物多样性假说，不过在林窗中有着与我们的研究结果相类似的报道，Griffiths 等（2009）对美国西北部的针叶林进行研究发现，林窗能够减少外生菌根真菌；Lewandowski 等（2015）基于磷脂脂肪酸（PLFA）分析技术对美国北部的阔叶林中的微生物群落进行分析发现，随着对森林的砍伐，AM 真菌的丰富度首先会减少，不过随着时间的推移又会有一定的恢复。因此，我们推测在林窗刚形成的时候，AM 真菌会急剧地减少，随着时间的推移也会逐渐恢复。在这个转变过程中，植物向地下输入的碳水化合物是最主要的因素。AM 真菌是一类专性活体营养真菌，因为不能进行光合作用，所以只能依靠于宿主植物存活（Smith and Read，2008）。在我们的试验样地中，对照样地中的日本柳杉的生长势明显比林窗中的小灌木更强，这意味着向地下输入的光合作用产物也更多，因此 AM 真菌能够获得更多碳水化合物，从而能够维持更高的丰富度和多样性。在林窗内，随着日本柳杉的死亡，其根系的活动也停止，碳水化合物也不再通过根系往地下输入，直接导致 AM 真菌的减少。林窗内的 AM 真菌由于养分供应不足，非优势种逐渐消失，会造成其群落多样性下降（刘润进等，2009）。很多研究表明，通过提高温度或者 CO_2 浓度等提高光合作用的方法有利于提高 AM 真菌的侵染率和多样性（Zavalloni et al.，2012；Hawkes et al.，2008）。虽然土层之间的差异并不显著，但是日本柳杉纯林对照样地中 AM 真菌的丰富度和多样性指数在 10~20cm 土层土壤中的比 0~10cm 土层土壤中的更高，而林窗内的则刚好与之相反。因为日本柳杉是大乔木，其根系的分布比林窗中那些刚长出来的小灌木更深，而 AM 真菌又是必须依靠植物根系存活的，所以不同土层之间才表现出那样的变化趋势。不同的样地中，AM 真菌丰富度和多样性的主要决定因素是它们能够获得碳水化合物的多少，不过不同种类 AM 真菌对环境的偏好会有所差异。

如图 9-4 所示，林窗形成后土壤中 AM 真菌群落各组分的相对丰度发生了明显的变化。在对照日本柳杉纯林样地的 0~10cm 和 10~20cm 土层土壤中球囊菌目-未纯培养属均是最丰富的类群，相对丰度分别达到 49.05% 和 58.00%；随后的是食根囊霉属（*Rhizophagus*），其相对丰度依次为 28.36% 和 27.28%；第三大类群的球囊菌目-未分类属相对丰度也达到了 19.88% 和 11.13%，其余 AM 真菌类群的相对丰度均在 2% 以下。林窗形成后，原囊霉目-未纯培养属类群的相对丰度有着显著的提升（$P<0.05$），在 0~10cm 和 10~20cm 土壤中分别达到 43.94% 和 38.56%，成为最丰富的类群；Glomerales-uncultured 的相对丰度则有较大幅度的下降，成为相对丰度第二高的类群，在 0~10cm 和 10~20cm 土层土壤中相对丰度分别为 29.89% 和 32.93%；Rhizophagus 的相对丰度则分别下降为 22.15% 和 16.19%；Glomerales-unclassified 的相对丰度也显著地下降（$P<0.05$）到 6.96% 和 4.58%，其余 AM 真菌类群的相对丰度均在 1.4% 以下。各类群的相对丰度并不随着土层深度的增加而出现显著变化，也没有呈现规律性变化。很明显，Glomerals 是日本柳杉纯林对照样地

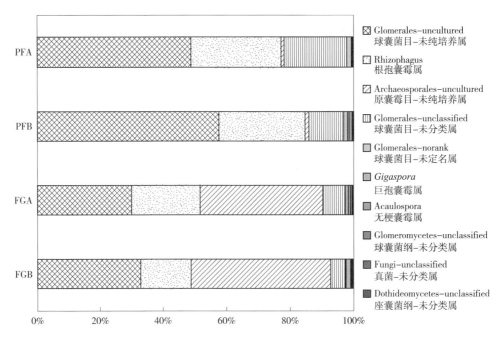

图 9-4　日本柳杉林窗试验样地中土壤 AM 真菌群落组成

注：PFA 表示日本柳杉纯林 0~10cm 土壤，PFB 表示日本柳杉纯林 10~20cm 土壤，FGA 表示林窗 0~10cm 土壤，FGB 表示林窗 10~20cm 土壤。

中最为优势的类群，相对丰度达到 70%，即使在林窗内其相对丰度也有 37%。这与其他学者的研究结果相类似，Rebecca 等（2002）在森林中检测到 18 种 AM 真菌，其中 16 种属于 Glomaceae；Opik 等（2009）通过 454 焦磷酸测序的方法对针阔过渡区的森林研究发现，77.49% 的序列都属于 Glomeromycota。这主要是因为这一类 AM 真菌能够通过小段的菌丝或者菌根片段繁殖，生存和繁殖能力更强（Daniell et al.，2001；Brenda and Linderman，1983），此外它们对不良环境的适应性和抵抗性也更强（Opik et al.，2009）。近年来有研究表明，当养分充足的时候 AM 真菌与宿主植物的共生关系在一定程度上会转为寄生关系（Antunes et al.，2012）。基于以上认识，我们推测在日本柳杉纯林对照样地中有些属于 Glomerals 的种类跟植物的关系已经从共生转变为寄生，随着林窗的产生、植株的死亡导致养分减少，这类微生物也随之消失，不过这还需要进一步的验证。Archaeosporales 是在林窗内最为优势的 AM 真菌类群，跟对照样地相比其相对丰度有着显著的提升，可能是因为这一类真菌需要从宿主植物获取的碳水化合物更少。Acaulospora 在日本柳杉纯林对照样地的 10~20cm 和林窗内 0~10cm 土层土壤中的相对丰度均更高，与较低速效磷含量相对应，这是因为这一类 AM 真菌对 P 的吸收以及转运给宿主植物的效率都更高（Johansen et al.，1993）。

9.3.3　影响日本柳杉林窗土壤 AM 真菌群落组成的因素

采用主成分分析（PCA）来表示不同样地处理中土壤 AM 真菌群落的分布特征（以 OTU 为代表）。如图 9-5 所示，第一主成分（x 轴）能够解释 AM 真菌群落差异的 71.8%，第二主成分(y轴)能够解释 AM 真菌群落差异的 13.1%。林窗形成后，AM 真菌群落有着较明显的改变，对照样地中 AM 真菌 OTU 的分布更倾向于聚集，而林窗中的则倾向于分散。土壤 AM 真菌群落在日本柳杉纯林对照样地中主要沿着 y 轴分布，在林窗内的则主要沿着 x 轴分布，且在不同土层土壤之间均存在着一定差异。采用典范对应分析(CCA)来表示土壤理化性质对 AM 真菌群落的影响。如图 9-6 所示，土壤全氮(TN)、有机质(SOM)、速效

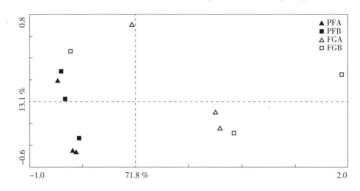

图 9-5　日本柳杉林窗试验样地中土壤 AM 真菌群落主成分分析

注：坐标轴上的百分比表示该坐标轴所能够解释的差异量；PFA 表示日本柳杉纯林 0~10cm 土壤，PFB 表示日本柳杉纯林 10~20cm 土壤，FGA 表示林窗 0~10cm 土壤，FGB 表示林窗 10~20cm 土壤。

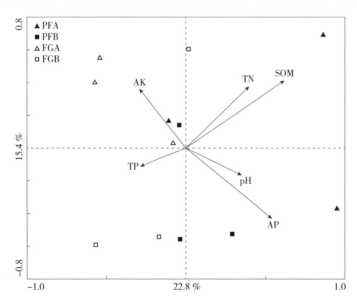

图 9-6　日本柳杉林窗试验样地中土壤群落对土壤理化性质的典范对应分析

注：坐标轴上的百分比表示该坐标轴所能够解释的差异量；PFA 表示日本柳杉纯林 0~10cm 土壤，PFB 表示日本柳杉纯林 10~20cm 土壤，FGA 表示林窗 0~10cm 土壤，FGB 表示林窗 10~20cm 土壤。

磷(AP)含量和 pH 均对样地中 AM 真菌群落特征有显著影响，日本柳杉纯林对照样地中 AM 真菌群落 OTU 分布特征与它们呈正相关关系，与速效钾和全磷含量则呈负相关关系，在林窗内土壤理化性质对 AM 真菌群落特征的影响刚好呈现相反的趋势。

据我们所了解，这是首次采用高通量测序的方法对针叶林中 AM 真菌的群落进行研

究。我们的研究结果表明，在亚热带的针叶林(包括林窗)中有着较为丰富的 AM 真菌类群。我们的结果与植物多样性假说并不符合，主要是因为林窗内植物通过根系输入地下的光合作用产物比较少。AM 真菌在不同土层土壤之间的差异也极有可能是因为根系的分布深度所导致的。此外，我们还认为部分 Glomerals 中的种类在日本柳杉纯林对照样地中已经转变为寄生关系，不同的 AM 真菌类群对环境的偏好也会影响其群落的组成。

主要参考文献

崔宁洁，刘洋，张健，等，2014. 林窗对马尾松人工林植物多样性的影响[J]. 应用与环境生物学报，01：8-14.

冯固，李晓林，2001. 丛枝菌根生态生理[M]. 北京：华文出版社.

耿玉清，单宏臣，谭笑，等，2002. 人工针叶林林冠空隙土壤的研究[J]. 北京林业大学学报，24(04)：16-19.

管云云，费菲，关庆伟，等，2016. 林窗生态学研究进展[J]. 林业科学，52(04)：91-99.

刘润进，惠焦，岩李，等，2009. 丛枝菌根真菌物种多样性研究进展[J]. 应用生态学报，20(9)：2301-2307.

刘润进，李晓林，2000. 丛枝菌根及其应用[M]. 北京：科学出版社.

刘文杰，李庆军，张光明，等，2000. 西双版纳望天树林林窗小气候特征研究[J]. 植物生态学报，03：356-361.

鲁如坤，2000. 土壤农业化学分析方法[M]. 北京：农业科技出版社.

毛坤财，邹贵武，邓光华，等，2016. 5 种江西特色盆景植物根际微生物群落特征比较研究[J]. 森林工程，32(01)：33-36.

欧江，张捷，崔宁洁，等，2014. 采伐林窗对马尾松人工林土壤微生物生物量的初期影响[J]. 自然资源学报，29(12)：2036-2047.

石兆勇，王发园，苗艳芳，2012. 不同菌根类型的森林净初级生产力对气温变化的响应. 植物生态学报，36(11)：1165-1171.

宋会兴，钟章成，2009. 两种土壤类型草本植物根系丛枝菌根真菌多样性. 应用生态学报，20(08)：1857-1862.

谭辉，朱教君，康宏樟，等，2007. 林窗干扰研究[J]. 生态学杂志，26(4)：587-594.

杨秀丽，2010. 大兴安岭兴安落叶松森林生态系统菌根及其真菌多样性研究[J]. 呼和浩特市：内蒙古农业大学.

赵仲鋆，1991. 乔木树种叶内氮、磷、钾含量初探[J]. 林业科技，04：12-14.

周义贵，郝凯婕，李贤伟，等，2014. 林窗对米亚罗林区云杉低效林土壤有碳和微生物生物量碳季节动态的影响[J]. 应用生态学报，25(9)：2469-2476.

ABBOTT L, ROBSON A, 1991. Factors influencing the occurrence of vesicular-arbuscular mycorrhizas[J]. Agriculture Ecosystems and Environment, 35(2-3)：121-150.

ALGUACIL M, TORRECILLAS E, CARAVACA F, et al., 2011. The application of an organic amendment modifies the arbuscular mycorrhizal fungal communities colonizing native seedlings grown in a heavy-metal-polluted soil[J]. Soil Biology and Biochemistry, 43(7)：1498-1508.

ANTUNES P, LEHMANN A, HART M, et al., 2012. Long-term effects of soil nutrient deficiency on arbuscular mycorrhizal communities[J]. Functional Ecology, 26(2)：532-540.

BRENDA B, LINDERMAN R, 1983. Use of vesicular-arbuscular mycorrhizal roots, intraradical vesicles and extraradical vesicles as inoculum[J]. New Phytologist, 95(1): 97-105.

CHANG E, CHIU C, 2015. Changes in soil microbial community structure and activity in a cedar plantation invaded by moso bamboo[J]. Applied Soil Ecology, 91: 1-7.

DANIELL T, HUSBAND R, FITTER A, et al., 2001. Molecular diversity of arbuscular mycorrhizal fungi colonising arable crops[J]. FEMS Microbiology Ecology, 36(2-3): 203-209.

DUPUY J, CHAZDON R, 2008. Interacting effects of canopy gap, understory vegetation and leaf litter on tree seedling recruitment and composition in tropical secondary forests[J]. Forest Ecology and Management, 255 (11): 3716-3725.

ELIAS R, DIAS E, 2009. Gap dynamics and regeneration strategies in *Juniperus-Laurus* forests of the Azores Islands[J]. Plant Ecology, 200(2): 179-189.

GILLESPIE A, FARRELL R, Walley F, et al., 2011. Glomalin-related soil protein contains non-mycorrhizal-related heat-stable proteins, lipids and humic materials[J]. Soil Biology and Biochemistry, 43(4): 766-777.

GRIFFITHS R, GRAY A, SPIES T, 2009. Soil properties in old-growth douglas-fir forest gaps in the western cascade mountains of Oregon[J]. Northwest Science, 84(1): 33-45.

HASSAN S, BOON E, ST-ARNAUD M, et al., 2011. Molecular biodiversity of arbuscular mycorrhizal fungi in trace metal-polluted soils[J]. Molecular Ecology, 20(16): 3469-3483.

HAWKES C, HARTLEY I, INESON P, et al., 2008. Soil temperature affects carbon allocation within arbuscular mycorrhizal networks and carbon transport from plant to fungus[J]. Global Change Biology, 14(5): 1181-1190.

HELGASON T, DANIELL T, HUSBAND R, et al., 1998. Ploughing up the wood-wide web? [J]. Nature, 394(6692): 431.

HOOPER D, BIGNELL D, BROWN V, et al., 2000. Interactions between aboveground and belowground biodiversity in terrestrial ecosystems: patterns, mechanisms, and feedbacks [J]. BioScience, 50 (12): 1049-1061.

JOHANSEN A, JAKOBSEN I, JENSEN E, 1993. External hyphae of vesicular arbuscular mycorrhizal fungi associated with[J]. *Trifolium subterraneum*, New Phytologist, 124(1): 61-68.

KOZIOL L, BEVER J, 2015. Mycorrhizal response trades off with plant growth rate and increases with plant successional status[J]. Ecology, 96(7): 1768-1774.

LEE J, LEE S, YOUNG J, 2008. Improved PCR primers for the detection and identification of arbuscular mycorrhizal fungi[J]. FEMS Microbiology Ecology, 65(2): 339-349.

LEWANDOWSKI T, FORRESTER J, MLADENOFF D, et al., 2015. Effects of intensive biomass harvesting on the soil microbial community in a northern hardwood forest[J]. Forest Ecology and Management (340): 82-94.

LI L, LI T, ZHANG Y, et al., 2010. Molecular diversity of arbuscular mycorrhizal fungi and their distribution patterns related to host-plants and habitats in a hot and arid ecosystem, southwest China. FEMS Microbiology Ecology, 71(3): 418-427.

NAKANE K, 1995. Soil carbon cycling in a Japanese cedar(*Cryptomeria japonica*)plantation[J]. Forest Ecology and Management, 72(2-3): 185-197.

OPIK M, METSIS M, DANIELL T, et al., 2009. Large-scale parallel 454 sequencing reveals host ecological group specificity of arbuscular mycorrhizal fungi in a boreonemoral forest[J]. New Phytologist, 184(2): 424-437.

OSTLE N，LEVY P，EVANS C，et al. ，2009. UK land use and soil carbon sequestration[J]. Land Use Policy，26(12)：S274-S283。

REBECCA H，EDWARD Allen H，YOUNG J，2002. Temporal variation in the arbuscular mycorrhizal communities colonising seedlings in a tropical forest[J]. FEMS Microbiology Ecology，42(1)：131-136。

RUSSO S，LEGGE R，WEBER K，et al. ，2013. Bacterial community structure of contrasting soils underlying Bornean rain forests：Inferences from microarray and next-generation sequencing methods[J]. Soil Biology and Biochemistry，55：48-59.

SINGH P，SINGH M，VYAS D，2014. Biocontrol of fusarium wilt of chickpea using arbuscular mycorrhizal fungi and rhizobium leguminosorum biovar. Caryologia，63(4)：349-353.

SMITH S，READ D，2008. Mycorrhizal Symbiosis[M]. New York：Academic Press.

STOCKMANN U，ADAMS M，CRAWFORD J，et al. ，2013. The knowns，known unknowns and unknowns of sequestration of soil organic carbon[J]. Agriculture Ecosystems and Environment，164(4)：80-89.

SYKOROVA Z，WIEMKEN A，REDECKER D，2007. Cooccurring *Gentiana verna* and *Gentiana acaulis* and Their neighboring plants in two swiss upper montane meadows harbor distinct arbuscular mycorrhizal fungal communities[J]. Applied and Environmental Microbiology，73(17)：5426-5434.

VANDENKOORNHUYSE P，HUSBAND R，DANIELL T，et al. 2002. Arbuscular mycorrhizal community composition associated with two plant species in a grassland ecosystem[J]. Molecular Ecology，11(8)：1555-1564.

WALDROP M，ZAK D，BLACKWOOD C，et al. ，2006. Resource availability controls fungal diversity across a plant diversity gradient[J]. Ecology Letters，9(10)：1127-1135.

WANG H，TIAN G，CHIU C，2016. Invasion of moso bamboo into a Japanese cedar plantation affects the chemical composition and humification of soil organic matter[J]. Scientific Reports，6：32211.

XIANG D，VERBRUGGEN E，HU Y，et al. ，2014. Land use influences arbuscular mycorrhizal fungal communities in the farming-pastoral ecotone of northern China. New Phytologist，204(4)：968-978.

ZAVALLONI C，VICCA S，BÜSCHER M，et al. ，2012. Exposure to warming and CO_2 enrichment promotes greater above-ground biomass，nitrogen，phosphorus and arbuscular mycorrhizal colonization in newly established grasslands[J]. Plant and Soil，359(1)：121-136.

第十章　庐山日本柳杉林森林康养要素特征

森林康养是以森林生态环境为基础，以促进大众健康为目的，利用森林生态资源、景观资源、食药资源和文化资源，与医学、养生学、运动学、心理学结合开展的保健养生、康复疗养、健康养老、休闲旅居等服务活动。发展森林康养产业，是科学、合理利用林草资源，践行绿水青山就是金山银山理念的有效路径。

庐山因其独特的山地小气候、优质的森林资源和康养度假的悠久历史，是世界著名的康养休闲度假胜地。日本柳杉是庐山主要造林树种之一，是庐山风景名胜区和康养休闲区重要的森林景观和康养资源。本章系统研究日本柳杉林空气悬浮颗粒物浓度、空气负离子浓度、氧气含量、植物有益挥发物种类数量及浓度等关键森林康养要素的动态变化规律，并建立森林康养活动适宜性指数(forest convalescence activities suitability index，FCASI)探明庐山日本柳杉林适宜开展森林康养活动的时间，最终为庐山日本柳杉林康养保健潜力的开发利用提供理论支撑。

10.1　空气负离子浓度特征

选择庐山海拔 940m 处的日本柳杉林以及相近海拔处的毛竹林和常绿阔叶林为研究对象，2018 年春季(3~5 月)、夏季(6~8 月)、秋季(9~11 月)、冬季(12 月)和 2019 年冬季(1~2 月)，每个季节分别选择气候条件较为典型的 3 天作为观测日，每间隔 2 h 同步测定一次空气负离子浓度。

参考中国气象局 2017 年发布的中华人民共和国气象行业标准《空气负(氧)离子浓度等级》(QX/T 380-2017)(中国气象局，2003)和原国家林业局 2016 年发布的中华人民共和国林业行业标准《空气负(氧)离子浓度观测技术规范》(LY/T 2586-2016)(国家林业局，2016)进行评价，见表 10-1。

表 10-1　空气负离子浓度等级划分

级别	指数范围(个/cm³)	浓度评价
I	$n \geqslant 1200$	浓度非常高
II	$500 \leqslant n < 1200$	浓度高
III	$300 \leqslant n < 500$	浓度中等
IV	$100 \leqslant n < 300$	浓度低
V	$0 < n < 100$	浓度极低

10.1.1　日动态变化特征

日本柳杉林空气负离子浓度日动态变化规律表现为：春季早晨和上午显著高于中午、

151

下午和傍晚($P<0.05$)，一天中最高值为 819.72 个/m³，最低值为 555.55 个/m³；夏季上午显著高于傍晚($P<0.05$)，一天中最高值为 908.88 个/m³，最低值为 580.83 个/m³；秋季日间各时间段差异不显著($P>0.05$)，一天中最高值为 714.44 个/m³，最低值为 518.61 个/m³；冬季早晨显著高于中午和下午($P<0.05$)，一天中最高值为 662.5 个/m³，最低值为 528.05 个/m³，如图 10-1 所示。

日本柳杉林与其他林分相比，空气负离子浓度四季日间各时段的评价等级均为Ⅱ级（"浓度高"等级）；毛竹林空气负离子浓度四季日间各时段的评价等级仅春季部分时间段（16：00）为Ⅲ级（"浓度中等"等级），其余日间时间段均为Ⅱ级；常绿阔叶林空气负离子浓度春、夏两季日间各时段的评价等级均为Ⅱ级，秋冬两季日间多数时段（10：00~18：00）的评价等级为Ⅲ级，见表 10-2。这与多数学者研究相一致（赵怡宁等，2018；Wang et al.，2020），主要原因可能是由于早晨、上午和傍晚空气悬浮颗粒物浓度较低和相对湿度较高，所以空气负离子浓度高于中午及下午，次要原因可能是随着白天温度升高，山谷风增强，导致空气负离子浓度降低（Li et al.，2021）。

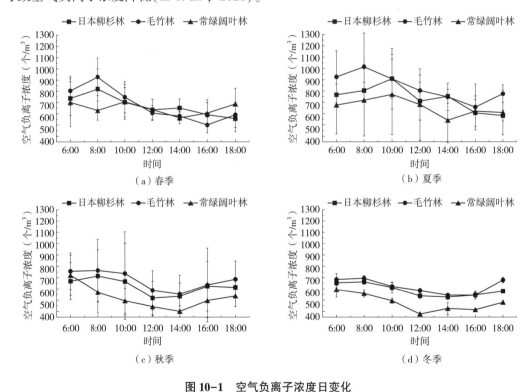

图 10-1　空气负离子浓度日变化

表 10-2　空气负离子浓度日间各时段等级评价结果

季节	样地	6：00	8：00	10：00	12：00	14：00	16：00	18：00
	日本柳杉林	Ⅱ	Ⅱ	Ⅱ	Ⅱ	Ⅱ	Ⅱ	Ⅱ
春季	毛竹林	Ⅱ	Ⅱ	Ⅱ	Ⅱ	Ⅱ	Ⅲ	Ⅱ
	常绿阔叶林	Ⅱ	Ⅱ	Ⅱ	Ⅱ	Ⅱ	Ⅱ	Ⅱ

（续）

季节	样地	6：00	8：00	10：00	12：00	14：00	16：00	18：00
夏季	日本柳杉林	Ⅱ	Ⅱ	Ⅱ	Ⅱ	Ⅱ	Ⅱ	Ⅱ
	毛竹林	Ⅱ	Ⅱ	Ⅱ	Ⅱ	Ⅱ	Ⅱ	Ⅱ
	常绿阔叶林	Ⅱ	Ⅱ	Ⅱ	Ⅱ	Ⅱ	Ⅱ	Ⅱ
秋季	日本柳杉林	Ⅱ	Ⅱ	Ⅱ	Ⅱ	Ⅱ	Ⅱ	Ⅱ
	毛竹林	Ⅱ	Ⅱ	Ⅱ	Ⅱ	Ⅱ	Ⅱ	Ⅱ
	常绿阔叶林	Ⅱ	Ⅱ	Ⅲ	Ⅲ	Ⅲ	Ⅱ	Ⅱ
冬季	日本柳杉林	Ⅱ	Ⅱ	Ⅱ	Ⅱ	Ⅱ	Ⅱ	Ⅱ
	毛竹林	Ⅱ	Ⅱ	Ⅱ	Ⅱ	Ⅱ	Ⅱ	Ⅱ
	常绿阔叶林	Ⅱ	Ⅱ	Ⅲ	Ⅲ	Ⅲ	Ⅲ	Ⅲ

10.1.2　季节变化特征

日本柳杉林空气负离子浓度春季（669.80 个/m³）高于冬季（599.55 个/m³）且两个季节间差异显著（$P<0.05$），夏季（732.02 个/m³）高于秋季（619.58 个/m³）和冬季且三个季节间差异显著（$P<0.05$），如图 10-2 所示。

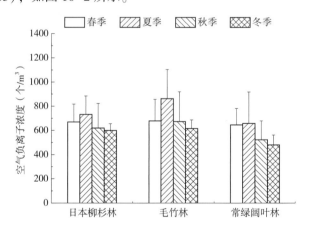

图 10-2　空气负离子浓度季节变化

日本柳杉林与其他林分相比仅在冬季有差异，其中，日本柳杉林和毛竹林四季均为Ⅱ级；常绿阔叶林仅冬季为Ⅲ级，其他三个季节均为Ⅱ级，见表 10-3。一些学者通过研究，发现，这种夏季显著高于其他季节的现象具有普遍性（杨春艳等，2019），其主要原因可能是夏季林内气温高于其他季节，空气负离子受温度影响较大，所以空气负离子浓度要高于其他季节；次要原因是夏季太阳紫外线、植物生理活动、植物尖端放电和空气中植物芬多精（挥发性有机化合物）浓度均有所增强，有利于空气负离子的形成。

表 10-3　空气负离子浓度季节变化等级评价

样地	春季	夏季	秋季	冬季
日本柳杉林	Ⅱ	Ⅱ	Ⅱ	Ⅱ
毛竹林	Ⅱ	Ⅱ	Ⅱ	Ⅱ
常绿阔叶林	Ⅱ	Ⅱ	Ⅱ	Ⅲ

10.2　空气悬浮颗粒物浓度特征

选择庐山海拔 940m 处的日本柳杉林以及相近海拔处的毛竹林和常绿阔叶林为研究对象，2018 年春季（3~5 月）、夏季（6~8 月）、秋季（9~11 月）、冬季（12 月）和 2019 年冬季（1~2 月），每个季节分别选择气候条件较为典型 3 天作为观测日，从早上 6：00 到傍晚 18：00 每间隔 2h 同步测定一次空气悬浮颗粒物浓度指标。

参考原环境保护部和原国家质量监督检验检疫总局 2012 年联合发布的《环境空气质量标准》（GB 3095-2012）（环境保护部，2012），以及世界卫生组织和人民卫生出版社共同出版的《空气质量准则》（世界卫生组织，2003）进行评价。由于现行相关标准及准则中关于 $PM_{2.5}$、PM_{10} 浓度限值没有小时均值标准，所以本研究中 $PM_{2.5}$、PM_{10} 浓度平均值参照相关标准及准则中日平均值标准进行评价，见表 10-4。

表 10-4　空气悬浮颗粒物（$PM_{2.5}$、PM_{10}）浓度等级划分

级别	颗粒物粒径	小时平均值/日平均值（$\mu g/m^3$）	空气洁净程度评价
Ⅰ	$PM_{2.5}$	$n < 15$	非常洁净
	PM_{10}	$n < 25$	
Ⅱ	$PM_{2.5}$	$15 \leqslant n < 35$	洁净
	PM_{10}	$25 \leqslant n < 50$	
Ⅲ	$PM_{2.5}$	$35 \leqslant n < 75$	一般
	PM_{10}	$50 \leqslant n < 150$	
Ⅳ	$PM_{2.5}$	$n \geqslant 75$	污染
	PM_{10}	$n \geqslant 150$	

10.2.1　$PM_{2.5}$ 质量浓度动态变化特征

（1）日变化特征

日本柳杉林，春季 $PM_{2.5}$ 质量浓度上午、中午和下午的显著高于早晨（$P<0.05$），一天中最高值为 $18.41\mu g/m^3$，最低值为 $7.47\mu g/m^3$；夏季 $PM_{2.5}$ 质量浓度早晨显著低于下午（$P<0.05$），一天中最高值为 $20.69\mu g/m^3$，最低值为 $8.72\mu g/m^3$；秋季 $PM_{2.5}$ 质量浓度早晨的显著低于下午和傍晚（$P<0.05$），一天中最高值为 $20.77\mu g/m^3$，最低值为 $7.94\mu g/m^3$；冬季 $PM_{2.5}$ 质量浓度日间各时间段差异不显著（$P>0.05$），一天中最高值为 $37.44\mu g/m^3$，最低值为 $29.22\mu g/m^3$，如图 10-3 所示。

日本柳杉林 $PM_{2.5}$ 质量浓度与其他林分相比，春季达到了I级（"非常洁净"等级）的时间段（6：00~10：00）高于毛竹林（6：00~8：00）和常绿阔叶林（6：00）；夏季达到I级的时间段（6：00~8：00）少于毛竹林（6：00~10：00、18：00），常绿阔叶林各时间段均无I级；秋季达到I级的时间段与毛竹林相同（均为6：00~10：00），常绿阔叶林各时间段均无I级；冬季达到II级（"洁净"等级）的时间段（6：00~10：00、14：00、18：00）少于毛竹林（6：00~14：00、18：00），常绿阔叶林多数时间段（10：00~18：00）为III级（"一般"等级），见表10-5。

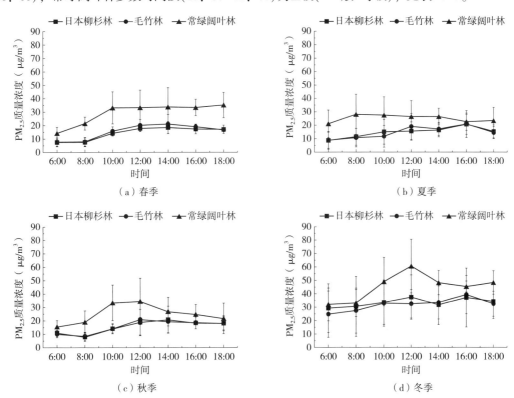

图 10-3　$PM_{2.5}$ 质量浓度日变化

表 10-5　$PM_{2.5}$ 质量浓度日间各时段变化等级评价结果

季节	样地	6：00	8：00	10：00	12：00	14：00	16：00	18：00
春季	日本柳杉林	I	I	I	II	II	II	II
	毛竹林	I	I	II	II	II	II	II
	常绿阔叶林	I	II	II	II	II	II	III
夏季	日本柳杉林	I	I	II	II	II	II	II
	毛竹林	I	I	I	II	II	II	I
	常绿阔叶林	II	II	II	II	II	II	II
秋季	日本柳杉林	I	I	I	II	II	II	II
	毛竹林	I	I	I	II	II	II	II
	常绿阔叶林	II	II	II	II	II	II	II

（续）

季节	样地	6：00	8：00	10：00	12：00	14：00	16：00	18：00
冬季	日本柳杉林	Ⅱ	Ⅱ	Ⅱ	Ⅲ	Ⅱ	Ⅲ	Ⅱ
	毛竹林	Ⅱ	Ⅱ	Ⅱ	Ⅱ	Ⅱ	Ⅲ	Ⅱ
	常绿阔叶林	Ⅱ	Ⅱ	Ⅲ	Ⅲ	Ⅲ	Ⅲ	Ⅲ

（2）季节变化特征

在季节动态变化方面，日本柳杉林 $PM_{2.5}$ 质量浓度春季（14.25μg/m³）、夏季（12.92μg/m³）和秋季（15.60μg/m³）等季节间变化差异不显著（$P>0.05$），冬季 $PM_{2.5}$ 质量浓度（48.42μg/m³）高于其他季节的，与春夏秋三季间差异显著（$P<0.05$），如图 10-4 所示。

日本柳杉林 $PM_{2.5}$ 质量浓度与其他林分相比，春夏两季差异较大，秋冬两季无差异，其中，日本柳杉林春夏两季均为Ⅰ级，秋、冬两季分别为Ⅱ级和Ⅲ级；毛竹林春、秋两季均为Ⅱ级，夏、冬两季分别为Ⅰ级和Ⅲ级；常绿阔叶林春、夏、秋三季均为Ⅱ级，冬季为Ⅲ级，见表 10-6。

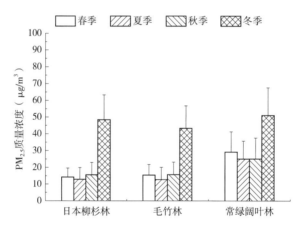

图 10-4　$PM_{2.5}$ 质量浓度季节变化

表 10-6　三种林分类型 $PM_{2.5}$ 质量浓度季节变化等级评价

样地	春季	夏季	秋季	冬季
日本柳杉林	Ⅰ	Ⅰ	Ⅱ	Ⅲ
毛竹林	Ⅱ	Ⅰ	Ⅱ	Ⅲ
常绿阔叶林	Ⅱ	Ⅱ	Ⅱ	Ⅲ

10.2.2　PM_{10} 质量浓度变化特征

（1）日变化特征

日本柳杉林，春季 PM_{10} 质量浓度中午、下午和傍晚显著高于早晨（$P<0.05$），一天中最高值为 26.34μg/m³，最低值为 10.19μg/m³；夏季日间各时间段 PM_{10} 质量浓度差异不显

著($P>0.05$)，一天中最高值为 33.63μg/m³，最低值为 12.33μg/m³；秋季 PM₁₀ 质量浓度下午显著高于早晨($P<0.05$)，一天中最高值为 29.77μg/m³，最低值为 10.66μg/m³；冬季 PM₁₀ 质量浓度日间各时间段间差异不显著($P>0.05$)，一天中最高值为 52.58μg/m³，最低值为 40.61μg/m³，如图 10-5 所示。曹聪等(2018)研究发现，华山风景名胜区 PM₂.₅ 中无机离子浓度高峰存在于 12：00 至 16：00，且白天浓度高于晚上，其主要原因可能是受移动源影响。庐山作为知名旅游景点，日间机动车往来高峰时段主要集中在 10：00 至 17：00 之间，容易导致该时间段 PM₂.₅、PM₁₀ 聚集。

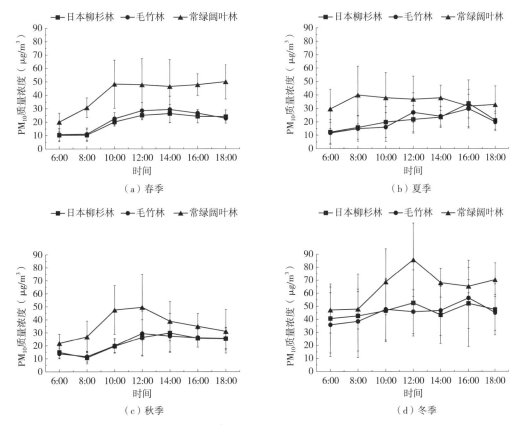

图 10-5　PM₁₀ 质量浓度日变化

日本柳杉林 PM₁₀ 质量浓度与其他林分相比，春季达到了 I 级的时间段(6：00~10：00、16：00~18：00)高于毛竹林(6：00~10：00、18：00)和常绿阔叶林(6：00)；夏季达到 I 级的时间段(6：00~14：00、18：00)高于毛竹林(6：00~10：00、18：00)，常绿阔叶林各时间段均无 I 级；秋季达到 I 级的时间段(6：00~10：00)高于毛竹林(6：00~8：00)和常绿阔叶林(6：00)；冬季达到 II 级的时间段(6：00~10：00、14：00、18：00)少于毛竹林(6：00~14：00、18：00)，常绿阔叶林多数时间段(10：00~18：00)为 III 级，见表 10-7。

表 10-7　PM$_{10}$质量浓度日间各时段等级评价结果

季节	样地	6:00	8:00	10:00	12:00	14:00	16:00	18:00
春季	日本柳杉林	Ⅰ	Ⅰ	Ⅰ	Ⅱ	Ⅱ	Ⅰ	Ⅰ
	毛竹林	Ⅰ	Ⅰ	Ⅰ	Ⅱ	Ⅱ	Ⅱ	Ⅰ
	常绿阔叶林	Ⅰ	Ⅱ	Ⅱ	Ⅱ	Ⅱ	Ⅱ	Ⅱ
夏季	日本柳杉林	Ⅰ	Ⅰ	Ⅰ	Ⅰ	Ⅰ	Ⅱ	Ⅰ
	毛竹林	Ⅰ	Ⅰ	Ⅰ	Ⅱ	Ⅰ	Ⅱ	Ⅰ
	常绿阔叶林	Ⅱ	Ⅱ	Ⅱ	Ⅱ	Ⅱ	Ⅱ	Ⅱ
秋季	日本柳杉林	Ⅰ	Ⅰ	Ⅰ	Ⅱ	Ⅱ	Ⅱ	Ⅱ
	毛竹林	Ⅰ	Ⅰ	Ⅱ	Ⅱ	Ⅱ	Ⅱ	Ⅱ
	常绿阔叶林	Ⅰ	Ⅱ	Ⅱ	Ⅱ	Ⅱ	Ⅱ	Ⅱ
冬季	日本柳杉林	Ⅱ	Ⅱ	Ⅱ	Ⅲ	Ⅱ	Ⅲ	Ⅱ
	毛竹林	Ⅱ	Ⅱ	Ⅱ	Ⅱ	Ⅱ	Ⅲ	Ⅱ
	常绿阔叶林	Ⅱ	Ⅱ	Ⅲ	Ⅲ	Ⅲ	Ⅲ	Ⅲ

（2）季节变化特征

在季节动态变化方面，日本柳杉林 PM$_{10}$ 质量浓度春季（20.04μg/m³）、夏季（19.00μg/m³）和秋季（21.76μg/m³）等季节间变化差异不显著（$P>0.05$），冬季 PM$_{10}$ 质量浓度（68.81μg/m³）高于其他季节的，与春、夏、秋三季间差异显著（$P<0.05$），如图 10-6 所示。

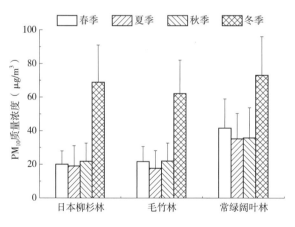

图 10-6　PM$_{10}$质量浓度季节变化

日本柳杉林 PM$_{10}$ 质量浓度与毛竹林较为一致，二者春、夏、秋三季均为Ⅰ级，冬季为Ⅲ级；常绿阔叶林春、夏、秋三季均为Ⅱ级，冬季为Ⅲ级，见表 10-8。这主要由于冬季庐山地区主要以东北风为主，自北方高纬度西伯利亚和蒙古一带大范围的强冷寒潮可以将华北地区重污染颗粒物输送至庐山造成影响(张晶晶等，2018)，所以长距离污染输送可能是庐山冬季 $PM_{2.5}$、PM_{10} 质量浓度显著高于其他季节的主要原因之一。也有学者研究发现，固定源(如九江燃煤电厂)可能也是冬季 $PM_{2.5}$、PM_{10} 质量浓度显著高于其他季节的原因(李涛，2014)。

表 10-8　PM_{10} 质量浓度季节变化等级评价

样地	春季	夏季	秋季	冬季
日本柳杉林	Ⅰ	Ⅰ	Ⅰ	Ⅲ
毛竹林	Ⅰ	Ⅰ	Ⅰ	Ⅲ
常绿阔叶林	Ⅱ	Ⅱ	Ⅱ	Ⅲ

10.3　氧气含量变化特征

选择庐山海拔 940m 处的日本柳杉林以及相近海拔处的毛竹林和常绿阔叶林为研究对象，2018 年春季(3~5 月)、夏季(6~8 月)、秋季(9~11 月)、冬季(12 月)和 2019 年冬季(1~2 月)，每个季节分别选择气候条件较为典型 3 天作为观测日，从早上 6：00 到傍晚 18：00 每间隔 2h 测定一次空气氧气含量指标。

相关研究表明，一定程度的低氧环境和富氧环境均能对人体产生保健作用，所以本研究综合考虑低氧环境和富氧环境对氧气含量进行评价。其中，低氧环境参考气候疗法、高原训练法等方法，综合评定低氧环境下氧气含量保健等级；富氧环境根据前人研究中关于森林富氧度研究结果(古琳，2013；王茜，2015)，综合评定富氧环境下氧气含量保健等级，见表 10-9。由于本研究所处样地均具有一定海拔高度，所以多以低氧环境保健等级进行评价。

表 10-9　氧气含量等级划分

级别	氧气含量(%)	模拟海拔高度(m)	保健等级评价
Ⅰ	$n>22.55$	—	非常高
Ⅱ	$21.75 \leqslant n<22.55$	—	高
Ⅲ	$20.95 \leqslant n<21.75$	—	中等
Ⅳ	$20.15 \leqslant n<20.95$	0~500	低
Ⅲ	$19.35 \leqslant n<20.15$	500~1000	中等
Ⅱ	$18.55 \leqslant n<19.35$	1000~1500	高
Ⅰ	$17.75 \leqslant n<18.55$	1500~2000	非常高
Ⅱ	$16.95 \leqslant n<17.75$	2000~2500	高
Ⅲ	$16.15 \leqslant n<16.95$	2500~3000	中等
Ⅳ	$n>16.15$	3000 以上	低

10.3.1　氧气含量日变化特征

日本柳杉林，春季氧气含量中午显著高于早晨($P<0.05$)，一天中最高值为 20.26%，最低值为 19.78%；夏季氧气含量日变化为早晚低，中午前后高，下午显著高于早晨($P<$

0.05），一天中最高值为 20.36%，最低值为 20.15%；秋季氧气含量下午显著高于上午（$P<0.05$），一天中最高值为 19.86%，最低值为 19.60%，冬季氧气含量午后显著高于上午（$P<0.05$），一天中最高值为 19.46%，最低值为 19.31%，如图 10-7 所示。这可能主要是因为光照和温度不足，植物光合作用受抑制，固碳释氧能力有限（Zhang et al., 2014）。8：00 后氧气含量随时间变化先上升再下降，一般在中午或午后达到日间最高值，这段时间氧气含量变化趋势与植物光合速率日变化趋势较为一致。

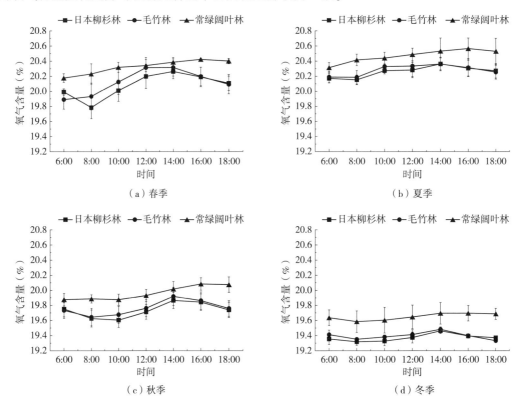

图 10-7　氧气含量日变化

日本柳杉林氧气含量保健等级与其他林分相比，春季达到Ⅲ级（"保健等级中等"等级）的时间段（6：00~10：00、18：00）与毛竹林相同，常绿阔叶林各时间段均为Ⅳ级（"保健等级低等"等级）；夏季与毛竹林和常绿阔叶林各时间段均为Ⅳ级；秋季与毛竹林和常绿阔叶林各时间段均为Ⅲ级；冬季达到Ⅱ级（"保健等级高等"等级）的时间段（6：00~8：00）高于毛竹林（18：00），常绿阔叶林各时间段均为Ⅲ级（表 10-10）。

表 10-10　氧气含量日间各时段等级评价结果

季节	样地	6：00	8：00	10：00	12：00	14：00	16：00	18：00
春季	日本柳杉林	Ⅲ	Ⅲ	Ⅲ	Ⅳ	Ⅳ	Ⅳ	Ⅲ
	毛竹林	Ⅲ	Ⅲ	Ⅲ	Ⅳ	Ⅳ	Ⅳ	Ⅲ
	常绿阔叶林	Ⅳ	Ⅳ	Ⅳ	Ⅳ	Ⅳ	Ⅳ	Ⅳ

（续）

季节	样地	6：00	8：00	10：00	12：00	14：00	16：00	18：00
夏季	日本柳杉林	Ⅳ	Ⅳ	Ⅳ	Ⅳ	Ⅳ	Ⅳ	Ⅳ
	毛竹林	Ⅳ	Ⅳ	Ⅳ	Ⅳ	Ⅳ	Ⅳ	Ⅳ
	常绿阔叶林	Ⅳ	Ⅳ	Ⅳ	Ⅳ	Ⅳ	Ⅳ	Ⅳ
秋季	日本柳杉林	Ⅲ	Ⅲ	Ⅲ	Ⅲ	Ⅲ	Ⅲ	Ⅲ
	毛竹林	Ⅲ	Ⅲ	Ⅲ	Ⅲ	Ⅲ	Ⅲ	Ⅲ
	常绿阔叶林	Ⅲ	Ⅲ	Ⅲ	Ⅲ	Ⅲ	Ⅲ	Ⅲ
冬季	日本柳杉林	Ⅲ	Ⅱ	Ⅱ	Ⅲ	Ⅲ	Ⅲ	Ⅲ
	毛竹林	Ⅲ	Ⅲ	Ⅲ	Ⅲ	Ⅲ	Ⅲ	Ⅱ
	常绿阔叶林	Ⅲ	Ⅲ	Ⅲ	Ⅲ	Ⅲ	Ⅲ	Ⅲ

10.3.2　氧气含量季节变化特征

在季节动态变化方面，庐山日本柳杉林氧气含量夏季>春季>秋季>冬季，各季节间差异显著（$P<0.05$），如图 10-8 所示。出现这种现象的原因可能与植物生理活动强弱有关。已有研究发现，植物固碳释氧和降温增湿能力同净光合速率、蒸腾速率总体变化规律一致，均表现为：夏季>春季>秋季>冬季（赵文瑞等，2016），植物固碳释氧能力增强，可以影响局部地区氧气含量增加。

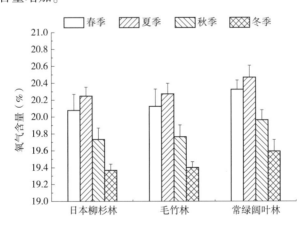

图 10-8　氧气含量季节变化

日本柳杉林氧气含量保健等级与其他林分相比，春、秋、冬三季与毛竹林和常绿阔叶林均为Ⅲ级，夏季三种林分类型均为Ⅳ级；常绿阔叶林春季为Ⅳ级，见表 10-11。

表 10-11　氧气含量季节变化等级评价

样地	春季	夏季	秋季	冬季
日本柳杉林	Ⅲ	Ⅳ	Ⅲ	Ⅲ
毛竹林	Ⅲ	Ⅳ	Ⅲ	Ⅲ
常绿阔叶林	Ⅳ	Ⅳ	Ⅲ	Ⅲ

10.4 日本柳杉林森林康养活动适宜性变化特征

由于不同森林康养要素的最佳康养时段不尽相同，某一森林康养要素处于最佳保健功效的时段时，其他森林康养要素可能处于保健功效的最差时段，在森林康养要素种类较多的情况下，单独森林康养要素的变化规律不易用于实际指导森林康养活动，而且不同季节间的森林康养要素的变化和相同季节不同日期间的森林康养要素的变化均较大，所以通过制定森林康养活动适宜性指数(FCASI)对森林环境进行评价，用于实际指导森林康养活动的开展。

通过专家咨询法并结合层次分析法对 $PM_{2.5}$ 质量浓度、PM_{10} 质量浓度、空气负离子浓度、氧气含量和人体舒适度等森林康养要素进行赋权重，见表 10-12。

表 10-12 森林康养要素各指标权重赋值

指标	权重
$PM_{2.5}$ 质量浓度	0.2454
PM_{10} 质量浓度	0.1306
空气负离子浓度	0.2017
氧气含量	0.1683
人体舒适度指数	0.2540

采用最小-最大(Min-max)标准化法，使 FCASI 取值范围为 0~1，根据各森林康养要素权重系数进行加权求和，得到 FCASI：

$$FCASI = 0.2454 x_1 + 0.1306 x_2 + 0.2017 x_3 + 0.1683 x_4 + 0.2540 x_5 \quad 式(10-1)$$

式中：x_1 为 $PM_{2.5}$ 质量浓度；x_2 为 PM_{10} 质量浓度；x_3 为空气负离子；x_4 为氧气含量；x_5 为人体舒适度；$x_1 \sim x_5$ 为 Min-max 标准化值。

在各森林康养要素等级划分临界值的基础上，综合形成了 FCASI 等级标准，其中 FCASI 值越高则森林康养活动适宜性越好，详细等级标准见表 10-13。

表 10-13 森林康养活动适宜性指数等级划分

级别	指数范围	适宜性评价
I	$\geqslant 0.71$	非常适宜
II	$0.6 \leqslant n < 0.71$	适宜
III	$0.52 \leqslant n < 0.6$	较适宜
IV	$0.4 \leqslant n < 0.52$	不适宜
V	$n < 0.4$	极不适宜

10.4.1 日本柳杉林 FCASI 日变化

日本柳杉林，春季的 FCASI 上午显著高于傍晚($P<0.05$)，一天中最高值为 0.69，最低值为 0.60；夏季 FCASI 则早晨显著高于下午和傍晚($P<0.05$)，一天中最高值为 0.70，最低值为 0.61；秋季早晨的 FCASI 显著高于下午和傍晚($P<0.05$)，一天中最高值为 0.65，最低值为 0.58；冬季日间各时间段差异不显著($P>0.05$)，一天中最高值为 0.49，最低值为 0.45，如图 10-9 所示。

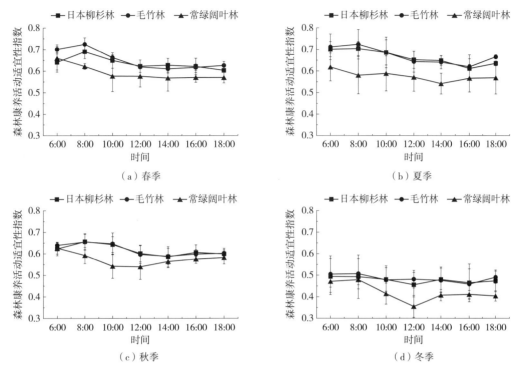

图 10-9　森林康养活动适宜性指数日变化

日本柳杉林 FCASI 与其他林分相比，春季各时间段均为Ⅱ级（"适宜"等级），毛竹林除 8：00 为Ⅰ级（"非常适宜"等级），其余时间段均为Ⅱ级，常绿阔叶林小部分时间段（6：00~8：00）为Ⅱ级，其余时间段（10：00~18：00）均为Ⅲ级（"较适宜"等级）；夏季各时间段均为Ⅱ级，毛竹林 6：00~8：00 为Ⅰ级，其余时间段均为Ⅱ级，常绿阔叶林6：00 为Ⅱ级，其余时间段（8：00~18：00）均为Ⅲ级；秋季Ⅱ级时间段（6：00~12：00、16：00）高于毛竹林（6：00~10：00、18：00）和常绿阔叶林（6：00）；冬季与毛竹林和常绿阔叶林均为Ⅳ级（"不适宜"等级），见表 10-14。造成这种影响的原因主要是不同林分各森林康养要素的协同作用所致，单一森林康养要素影响作用可能较小，但综合起来就产生了较大的影响力，其中，空气负离子浓度、空气悬浮颗粒物浓度和人体舒适度等森林康养要素作为 FCASI 中的关键因子起了重要作用，这些森林康养要素也被认为是森林康养活动中的关键要素（Lee et al.，2019）。

表 10-14　森林康养活动适宜性指数日间各时段等级评价结果

季节	样地	6：00	8：00	10：00	12：00	14：00	16：00	18：00
春季	日本柳杉林	Ⅱ	Ⅱ	Ⅱ	Ⅱ	Ⅱ	Ⅱ	Ⅱ
	毛竹林	Ⅱ	Ⅰ	Ⅱ	Ⅱ	Ⅱ	Ⅱ	Ⅱ
	常绿阔叶林	Ⅱ	Ⅱ	Ⅲ	Ⅲ	Ⅲ	Ⅲ	Ⅲ

（续）

季节	样地	6：00	8：00	10：00	12：00	14：00	16：00	18：00
夏季	日本柳杉林	Ⅱ	Ⅱ	Ⅱ	Ⅱ	Ⅱ	Ⅱ	Ⅱ
	毛竹林	Ⅰ	Ⅰ	Ⅱ	Ⅱ	Ⅱ	Ⅱ	Ⅱ
	常绿阔叶林	Ⅱ	Ⅲ	Ⅲ	Ⅲ	Ⅲ	Ⅲ	Ⅲ
秋季	日本柳杉林	Ⅱ	Ⅱ	Ⅱ	Ⅱ	Ⅲ	Ⅱ	Ⅲ
	毛竹林	Ⅱ	Ⅱ	Ⅱ	Ⅲ	Ⅲ	Ⅲ	Ⅱ
	常绿阔叶林	Ⅱ	Ⅲ	Ⅲ	Ⅲ	Ⅲ	Ⅲ	Ⅲ
冬季	日本柳杉林	Ⅳ	Ⅳ	Ⅳ	Ⅳ	Ⅳ	Ⅳ	Ⅳ
	毛竹林	Ⅳ	Ⅳ	Ⅳ	Ⅳ	Ⅳ	Ⅳ	Ⅳ
	常绿阔叶林	Ⅳ	Ⅳ	Ⅳ	Ⅴ	Ⅳ	Ⅳ	Ⅳ

10.4.2 日本柳杉林 FCASI 季节变化

日本柳杉林的 FCASI 各季节间差异显著（$P<0.05$），FCASI 夏季（0.66）>春季（0.63）>秋季（0.61）>冬季（0.41），如图 10-10 所示。

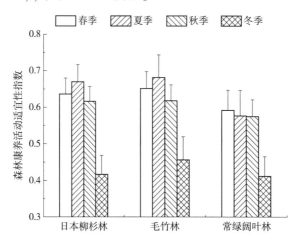

图 10-10 森林康养活动适宜性指数季节变化

日本柳杉林 FCASI 与毛竹林相同，其春夏秋三季均为Ⅱ级，冬季为Ⅳ级；常绿阔叶林春夏秋三季均为Ⅲ级，冬季为Ⅳ级，见表 10-15。

表 10-15 森林康养活动适宜性指数季节变化等级评价

样地	春季	夏季	秋季	冬季
日本柳杉林	Ⅱ	Ⅱ	Ⅱ	Ⅳ
毛竹林	Ⅱ	Ⅱ	Ⅱ	Ⅳ
常绿阔叶林	Ⅲ	Ⅲ	Ⅲ	Ⅳ

10.5　日本柳杉有益挥发物变化特征

在庐山选择生长状况良好的日本柳杉、毛竹和香樟作为试验树种，2018 年秋季(10 月)和冬季(12 月)选择 2 个无风或微风的晴天；2019 年春季(4~5 月)和夏季(7~8 月)选择 3 个无风或微风的晴天，从 8：00 开始直至 16：00 结束，每隔 2h 用套袋法使用美国 CAMSCO 公司生产的 Tenax TA 60-80mesh 不锈钢热解析管通过大气采样仪采集样品 1 次，每次持续 2h (即 8：00 至 10：00、10：00 至 12：00、12：00 至 14：00、14：00 至 16：00、16：00 至 18：00)，用自动热脱附仪(ATD)-气相色谱(GC)/质谱(MS)联用技术进行测定。

10.5.1　日本柳杉有益挥发物成分特征

萜烯类化合物，尤其是单萜烯(如蒎烯、柠檬醛、冰片、樟脑、芳樟醇等)和倍半萜烯 (石竹烯、榄香烯、柏木烯、法尼醇、芹子烯等)类化合物保健功效最强(Soulimaniet al.，2019；Moreira et al.，2022)。部分有机酸具有抗癌、缓解精神障碍、净化空气的作用，如柠檬酸、水杨酸、乙酸等。低级醛具有刺激性气味，对人体有害，但 C8 以上的脂肪醛具有花果香气，对人体健康有益，如辛醛具有橘香，癸醛具有柠檬香，十一醛具有玫瑰香等。部分酯具有花果香气，如乙酸芳樟酯具有薰衣草香气、乙酸香叶酯具有玫瑰香气、乙酸叶醇酯具有香蕉香气等。部分醇和酮具有草香或果香味，如叶醇具有清新的青草香气，苯乙酮具有山楂香气，3-辛酮有果实香气等。本研究对健康有益的植物挥发物成分划分如下：①萜烯类及其衍生物；②部分具有抑菌作用的有机酸；③C8 以上具有花果香气的脂肪醛；④部分具有花果香气且无刺激性气味的酯；⑤部分具有草香或果香味的醇和酮。

(1)有益挥发物种类数量日动态变化

如图 10-11 所示，春季，日本柳杉有益挥发物日间低值(25 种)出现在 10：00~12：00 和 16：00~18：00，12：00~14：00 和 14：00~16：00 达到日间最高值(31 种)；香樟有益挥发物 8：00~10：00(44 个)、10：00~12：00(38 个)和 12：00~14：00(35 个)高于日本柳杉，其余时间段均低于日本柳杉；毛竹有益挥发物日间各时间段均较低。

夏季，日本柳杉有益挥发物种类数量自 8：00~10：00 逐渐上升直至 12：00~14：00 和 14：00~16：00 达到日间最高值(42 种)，随后逐渐下降直至 16：00~18：00 出现日间最低值(36 种)；香樟日间各时间段的有益挥发物种类数量均低于日本柳杉的，最高值出现在 12：00~14：00(35 个)，最低值出现在 14：00~16：00(20 个)；毛竹有益挥发物种类数量日间各时间段的均较低。

秋季，日本柳杉有益挥发物种类数量自 8：00~10：00 出现日间最低值(17 种)，随后逐渐上升直至 14：00~16：00 达到日间最高值(25 种)；香樟日间各时间段的均高于日本柳杉，10：00~12：00 出现日间最低值(24 个)，14：00~16：00 达到日间最高值(32 种)；毛竹有益挥发物种类数量日间各时间段均较低。

冬季，日本柳杉有益挥发物种类数量自 8：00~10：00 出现日间最高值(32 种)，随后逐渐下降直至 12：00~14：00 出现日间最低值(20 种)，14：00~16：00 和 16：00~18：00 有

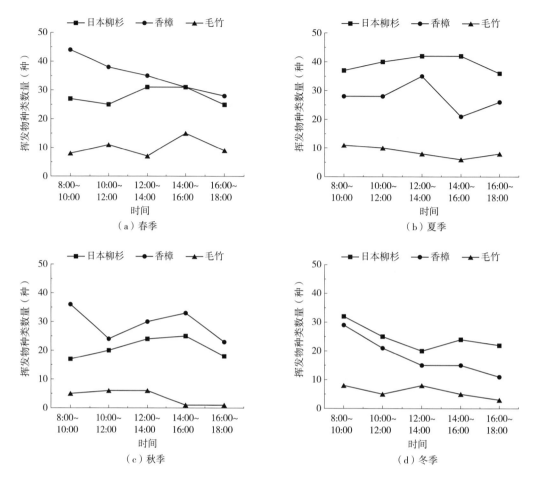

图 10-11 有益挥发物种类数量日变化

所回升；香樟日间各时间段的有益挥发物种类数量均低于日本柳杉，最高值出现在 8：00 ~ 10：00(29 个)，最低值出现在 16：00 ~ 18：00(11 个)；毛竹有益挥发物种类数量日间各时间段的均较低。

(2)有益挥发物种类数量季节变化

日本柳杉有益挥发物种类数量夏季达到最高值(45 种)，秋季出现最低值(27 种)；香樟与日本柳杉夏季有益挥发物种类数量相同，其余季节的均高于日本柳杉的；毛竹有益挥发物种类数量四季均较低，如图 10-12 所示，这与植物生理特性的周期规律较为一致。

10.5.2　日本柳杉有益挥发物浓度变化

(1)有益挥发物浓度日变化

如图 10-13 所示，春季，日本柳杉有益挥发物浓度 8：00 ~ 10：00 达到日间最高值(84.05%)，并缓慢下降直至 16：00 ~ 18：00 出现日间最低值(73.57%)。

夏季，日本柳杉有益挥发物浓度日间各时间段变化均较小，最高值(82.40%)和最低值(77.16%)间差异较小，日间各时间段浓度均处于较高水平。

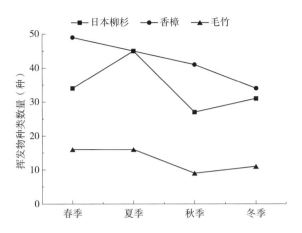

图 10-12　有益挥发物种类数量季节变化

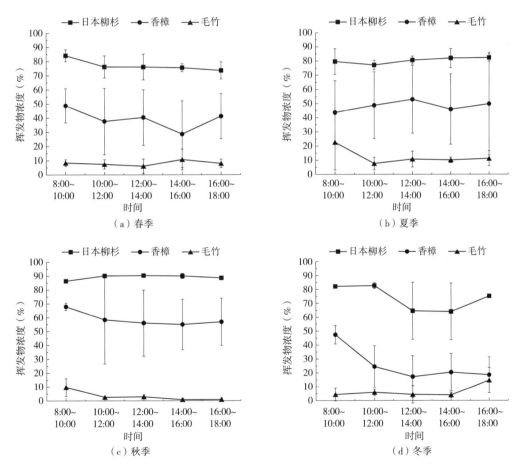

图 10-13　有益挥发物浓度日变化

秋季，日本柳杉有益挥发物浓度 8：00～10：00 出现日间最低值（86.35%），其余时间段均变化较小，日间最高值不明显，10：00～12：00 至 16：00～18：00 均处于较高水平（>90%）。

冬季，日本柳杉有益挥发物浓度 10：00~12：00 出现日间最高值(82.79%)，14：00~16：00 出现日间最低值(64.10%)。

春、夏、秋、冬四季，香樟和毛竹有益挥发物浓度日间各时间段均远低于日本柳杉。

（2）有益挥发物浓度季节变化

日本柳杉有益挥发物浓度为：秋季(89.09%)>夏季(80.37%)>春季(77.07%)>冬季(73.80%)。香樟和毛竹有益挥发物浓度四季均远低于日本柳杉，如图 10-14 所示，有益挥发物浓度最高值多出现在秋季这一非生长季节，说明挥发物浓度变化与种类数量季节变化之间关联性不强，植物有益挥发物种类数量变化更能反映植物生理特性的周期规律，有利于预测有益挥发物种类数量季节和各日间时间段的最高值，这与古琳(2013)香樟林、湿地松林和栓皮栎林挥发物时间动态变化研究结果相一致。

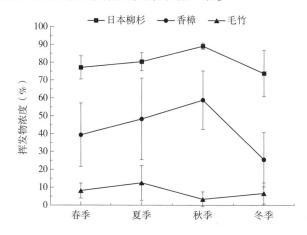

图 10-14　有益挥发物浓度季节变化

主要参考文献

曹聪，王格慧，吴灿，等，2018. 华山地区 $PM_{2.5}$ 中无机离子垂直分布特征[J]. 环境科学，39(4)：1473-1483.

古琳. 无锡惠山三种游憩林生态保健功能研究 [D]. 北京：中国林业科学研究院，2013.

国家林业局. LY2586-2016. 空气负(氧)离子浓度观测技术规范[S]. 北京：中国质检出版社，2016-01-18.

环境保护部，国家质量监督检验检疫总局. GB3095-2012. 环境空气质量标准[S]. 北京：中国环境出版社，2012-02-29.

李涛. 庐山大气 $PM_{2.5}$ 化学特征及输送来源研究 [D]. 济南：山东大学，2014.

世界卫生组织. 空气质量准则 [M]. 王作元，王昕，曹吉生，译. 北京：人民卫生出版社，2003.1-124.

王茜. 福州旗山森林公园毛竹游憩林生态保健功能研究 [D]. 北京：中国林业科学研究院，2015.

杨春艳，马雯思，张林波，等，2019. 厦门市陆地生态系统空气负离子服务能力评估[J]. 环境科学研究，a32(12)：2015~2021.

张晶晶，滕飞，王怀清，等，2018. 九江市一次持续霾污染天气的成因分析[A]. //中国气象学会. 第 35 届中国气象学会年会 S11 城市气象与环境——第七届城市气象论坛[C]. 北京：中国气象学会.

赵文瑞，刘鑫，张金池，等，2016. 南京城郊典型树种光合蒸腾、固碳释氧及降温增湿能力[J]. 林业科学，52(9)：31-38.

赵怡宁，史常青，许荡飞，等，2018. 崇礼区典型林分空气负离子浓度及影响因素[J]. 林业科学研究，31(3)：127-135.

中国气象局. QX380-2017. 空气负(氧)离子浓度等级[S]. 北京：气象出版社，2003-06-09.

LEE C W, LI C, 2019. The process of constructing a health tourism destination index[J]. International Journal of Environmental Research and Public Health, 16(22)：4579.

LI C, XIE Z, CHEN B, et al., 2021. Different time scale distribution of negative air ions concentrations in Mount Wuyi National Park [J]. International Journal of Environmental Research and Public Health, 18 (9)：5037.

MOREIRA R C, VESPERMANN K A C, MOLINA G, et al., 2022. Health properties of dietary monoterpenes[J]. Biomolecules from Natural Sources：Advances and Applications, 2022：362-389.

SOULIMANI R, BOUAYED J, JOSHI R K., 2019. Limonene：natural monoterpene volatile compounds of potential therapeutic interest[J]. American Journal of Essential Oils and Natural Products, 7(4)：01-10.

WANG H, WANG B, NIU X, et al., 2020. Study on the change of negative air ion concentration and its influencing factors at different spatio-temporal scales[J]. Global Ecology and Conservation, 23：e01008.

ZHANG J, WU H, HU Z, et al., 2014. Examination of oxygen release from plants in constructed wetlands in different stages of wetland plant life cycle [J]. Environmental Science and Pollution Research, 21 (16)：9709-9716.

第十一章 结论与展望

　　庐山是我国大陆最早引种日本柳杉的地区，日本柳杉在庐山早期的荒山造林中起了重要作用，是庐山国家风景名胜区的特色森林景观，作为外来引种的树种，其人工林生态引起学界和社会各界关注。本研究通过庐山林场、庐山国家级自然保护区相关档案资料系统梳理了日本柳杉在庐山的栽培历史和人工林营造状况，基于江西庐山森林生态系统国家定位观测研究站常规定位监测、树木年轮学、稳定同位素、高通量测序、树干液流等技术手段，围绕日本柳杉在庐山的生长适应性及其机制、人工林生态特征与功能开展系统研究，形成如下主要结论，并对日本柳杉人工林后续经营与研究提出展望。

11.1 结论

　　(1) 日本柳杉引种及其在庐山的生长适应性

　　庐山气候条件与原产地日本适生区非常相似，海拔 400m 以上土壤类型与原产地主要天然分布区的相同。

　　在庐山日本柳杉人工林 70% 以上分布在海拔 800~1200m 地带，坡位遍布上、中、下坡，平地和山谷，但以中坡为主；坡向涵盖东、南、西、北、东南、西南、东北、西北坡，但以西北坡、东北坡和北坡为主；土壤类型涵盖黄壤、黄棕壤，但以黄棕壤为主，成土母岩主要为花岗岩、页岩。

　　与原产地日本的柳杉相比，庐山 63 年生日本柳杉林平均树高、平均胸径均略高于原产地日本新潟县的，表现出日本柳杉在庐山有很好的生长适应性，日本柳杉在庐山引种是成功的，在庐山的荒山造林中作出了重要贡献。20 世纪 50 年代至 80 年代，我国十几个省份和江西多地相继从庐山引种栽培，使日本柳杉在我国得到较好发展，并成为亚热带中山、亚高山地区重要造林树种。

　　(2) 日本柳杉在庐山的生长规律

　　日本柳杉在庐山前 5 年生长较慢，造林后 5~8 年幼树进入生长旺期，10~20 年为高生长速生期，30~40 年蓄积量迅速增长。平均胸径和单株材积受林分密度影响比较大，随林分密度增加，平均胸径和单株材积减少，林下植被盖度降低，林下植被种类、数量减少。

　　日本柳杉径向生长主要受上年 7 月及 7 月平均气温、4 月空气相对湿度的影响，850m 左右海拔的径向生长比海拔 1000~1200m 的对庐山地区暖湿气候敏感，不同时期的气候因子对日本柳杉径向生长的影响差异不同；生长季前期冬季 (1 月) 日照时数的增加有利于树木的生长，在 1200m 高海拔区域表现得尤为显著；上年夏季高温和当年夏、秋季高温均对日本柳杉生长起到抑制作用，然而 1 月平均气温适当的增加会促进日本柳杉的生长，当地春季降水量和相对湿度对树木生长均起到促进作用；庐山日本柳杉径向生长与主要气候要素之间的相关性呈现出明显的季节性，海拔是影响日本柳杉径向生长对气候因子响应的重要因素。

（3）日本柳杉林冠层截留与水分利用特征

日本柳杉林冠层截留受到林分结构和降雨期间的气象要素特征的影响，特别是庐山云雾与降雨具有极高的相关性，降雨次数越多，出现浓雾的概率也就越大，降雨特征和雾特征共同控制了柳杉林云雾截留。日本柳杉林林内穿透雨量、树干径流量和冠层截留量分别占林外降雨量的 95%、3% 和 2%；庐山日本柳杉林云雾截留量和林外降雨量在总降水量中的占比分别为 7% 和 93%，而它们转化为净降水的比例分别为 87% 和 91%；日本柳杉林穿透雨率为 88%，茎干流率为 3%，林冠截留率为 9%，降雨特征和雾特征共同控制了柳杉林云雾截留。

不同海拔日本柳杉的水分利用效率随着树龄的增加而呈上升趋势，但不同海拔日本柳杉树木所反映的水分利用效率的变化趋势极其一致。气温的变化通过控制树木光合作用和蒸腾作用来调节树木的水分利用效率，庐山的温度整体上有利于日本柳杉较高的水分利用效率。大气 CO_2 浓度显著影响日本柳杉的水分利用效率，三个海拔的日本柳杉 WUE 同大气 CO_2 浓度的相关系数分别为 0.791、0.767、0.907。大气 CO_2 浓度升高是导致日本柳杉同化速率增快，WUE 升高的主要原因。

（4）日本柳杉小气候特征

庐山日本柳杉林气温的日动态受太阳辐射的影响呈单峰型，气温随高度的分布则呈 L 形分布，冠层是森林水热交换的活动面，冠层以下和冠层以上的变化规律有所差异。日本柳杉林冠层以下常年存在逆温层。冠层以上白天为日射型，夜间为辐射型。日本柳杉林的相对湿度的日变化较为复杂，冠层以下呈较明显的 U 形分布，冠层以上则呈较明显的"波浪形"分布；相对湿度随高度的变化则呈反 L 形，2m 处的相对湿度最高。

日本柳杉林浅层土壤温度受太阳辐射影响较大，日变化特征明显，15 时至 16 时达到最高，到日出前后出现最低值，与气温变化特征相似；随深度的增加土壤温度最高值与最低值出现的时间向后延，深度每下降 10cm 向后延 2h。土壤相对湿度的日变化不明显，随深度的分布也较复杂。

林窗改造和间伐短期内对日本柳杉林温湿度产生一定影响，集中表现为增温降湿效应，其中夏季的增温降湿效应较冬季明显。

（5）庐山日本柳杉林土壤理化状况

庐山日本柳杉林 0~10cm、10~20cm 土层的土壤有机碳分别为 35.68~52.17g/kg、20.92~28.68g/kg，而庐山的其他群落类型 270-1170 海拔 0~10cm、10~20cm 土层 SOC 分别为 20.35~38.73g/kg、16.84~31.22g/kg。可见，日本柳杉人工林的土壤有机碳高于其他群落类型。林分密度结构对日本柳杉林下土壤养分影响显著，其中，高密度林分 0~10cm 和 10~20cm 土层土壤中的 SOC、N 含量均显著高于中等密度和低密度林分，而 MBC 则表现为低密度林分土壤中含量最高；土壤 DOC、P 含量不受林分结构影响。从土壤化学计量比可以看出，庐山日本柳杉林生长过程中 N 素、P 素仍是区域限制因素。

庐山日本柳杉林分改造 2~4a，土壤物理化学性质变化不明显。但干扰林窗形成后随着恢复年限的增加土壤理化性质改善显著，其中恢复 25a 后的成熟林窗表层土壤最大持水量、最小持水量、毛管持水量均显著高于恢复 8a 的初期林窗和恢复 14a 的中期林窗的。同时，经过 25a 的林窗自然恢复，更多的土壤颗粒团聚形成 1~2mm、0.5~1mm 的团聚体，其含量显著高于恢复 8a 的初期林窗与非林窗的。另外，恢复 14a 的中期林窗表现出较好的土壤肥力，其土壤 SOC、N 均显著高于其他恢复年限的林窗的，说明林窗改造更新是改善日本柳杉林土壤状况的有效途径。

（6）庐山日本柳杉倒木分解碳释放特征

从整个森林生态系统宏观来看，树木死亡是它的另外一个生态过程的开始。林内树木死亡之后，它仅仅是完成了其在活着的时候的部分生态功能，而后其又以森林倒木的形式，在森林生态系统中继续发挥其极为重要的生态功能。倒木是森林生态系统碳库的重要组成部分，其呼吸释放出的 CO_2 是森林生态系统向大气排放 CO_2 的重要来源之一，倒木分解释放的 CO_2 是生态系统碳收支中不容忽视的一个组分，对区域碳循环和全球碳平衡产生重要影响。但不同树种的倒木基质差异导致其倒木分解碳释放特征有差异，对比庐山常绿阔叶树种石栎和落叶阔叶树种化香倒木分解碳释放，日本柳杉倒木分解碳释放速率（$2.18\mu mol/m^2 \cdot s$）显著低于化香倒木（$3.92\mu mol/m^2 \cdot s$）和石栎倒木（$3.84\mu mol/m^2 \cdot s$）的，表明日本柳杉的倒木分解碳释放小于化香和石栎的。倒木分解碳释放表现出显著的季节性波动变化，且主要受倒木温度的控制，倒木分解碳释放和 Q10 的变化也取决于不同倒木的树种类型。而且化香和青榨槭倒木分解表现出了显著的主场效应，日本柳杉倒木分解则表现出负主场效应。

（7）庐山日本柳杉林土壤碳氮循环特征

土壤是重要的 N_2O 和 CO_2 源，土壤和大气之间 C、N 通量的微小变化可能会导致大气温室气体浓度大幅度变化，森林生态系统对大气中温室气体的平衡发挥着特别重要的作用。特别是在大气氮沉降增加背景下，森林生态系统碳氮循环过程受到影响，土壤 CO_2、N_2O 和 CH_4 的排放将产生变化。

庐山日本柳杉林土壤 N_2O 年平均排放通量为 $24.13\pm3.25ug/m^2 h$，土壤 CO_2 年平均排放通量为 $540.27\pm53.72mg/m^2h$，土壤 CH_4 年平均排放通量为 $-2.56\pm1.02 mg/m^2h$，即处于净吸收甲烷状态。土壤 N_2O 和 CO_2 排放特征呈明显的季节性变化，夏季排放量高，冬季排放量低。模拟氮沉降显著增大了土壤 N_2O 和 CH_4 的排放通量，对土壤 CO_2 排放通量无显著影响。土壤 N_2O 和 CO_2 的排放量呈季节动态变化。凋落物输入显著增大了土壤 N_2O 和 CO_2 的排放量通量，对土壤 CH_4 排放通量无显著影响。细根分解显著增大了土壤 N_2O、CH_4 和 CO_2 的排放通量。添加链霉素和扑海因可抑制土壤细菌和真菌活性，无论细菌和真菌以及交互作用均显著降低了土壤 N_2O 排放通量。

（8）日本柳杉林土壤生物与多样性状况

日本柳杉林的土壤动物密度高峰期出现在 5 月及 11 月，地上弹尾目和蜱螨在日本柳杉林内出现的较多；而膜翅目更多地为日本柳杉林土壤有机质的形成作出了贡献。春季和夏初，土壤动物生物量高于其他季节，主要贡献动物类群为双翅目、鞘翅目、膜翅目、蜘蛛目和盲蛛目。而日本柳杉林与周边林分的土壤动物多样性指数并无显著差异，但 PCA 图显示日本柳杉林土壤动物群落已出现了分化。在日本柳杉林分形成林窗演替变化过程中，部分土壤动物为适应植被、土壤养分及食物来源组成的变化，会采取相应的取食行为和活动方面的转变，已达到生存、繁衍的目的。同时，也有部分土壤动物的营养级受环境影响较小，反映出它们对环境变化的高度适应或多样的食物来源。

由于日本柳杉自身的特性(细根的生物量、比根长以及分泌物等)，与之共生的 AM 真菌也表现出更强的相对特异性，表现为日本柳杉林土壤 AM 真菌群落的丰富度和多样性水平与周围其他林分相比均较低。并且，本研究首次采用高通量测序的方法对日本柳杉林中土壤 AM 真菌群落进行结果表明，在亚热带的针叶林(包括林窗)中有着较为丰富的 AM 真菌类群。

(9)庐山日本柳杉林康养要素特征

日本柳杉林是庐山国家风景名胜区重要的特色森林景观，也是庐山康养度假核心区集中分布的林分类型，为此笔者系统研究了日本柳杉的康养要素特征。研究表明，庐山日本柳杉林空气负离子浓度具有早晨及傍晚高、中午及午后低的日动态规律以及夏季最高，春季次之，秋、冬两季较为接近的季节动态规律，四季中多数时间段为 II 级("浓度高"等级)。庐山日本柳杉林空气悬浮颗粒物浓度大多具有早晨低、中下午高的特点，其冬季空气悬浮颗粒物浓度显著高于其他季节，四季中多数时间段为 I 级("非常洁净"等级)和 II 级("洁净"等级)。氧气含量具有中午和下午高，早晨和上午低的特点，其中夏季>春季>秋季>冬季，日本柳杉林氧气保健等级四季中多数时间段为 III 级("中等"等级)。庐山日本柳杉林森林康养活动适宜性指数(FCASI)最高值多出现在早晨，春、夏两季 FCASI 优于秋冬两季，尤其冬季 FCASI 远低于春、夏、秋三季，四季中多数时间段为 II 级("适宜"等级)。不同林分类型之间差异较小。

有益挥发物年均种类数量排序为香樟(42 种)>日本柳杉(34 种)>毛竹(13 种)；有益挥发物年均浓度排序为日本柳杉(80.08%)>香樟(43.01%)>毛竹(7.66%)。综合来看，日本柳杉是三种树种中挥发物保健最优的树种，香樟是次优树种，毛竹保健效果最差。

11.2 展望

由于庐山的日本柳杉引种栽培区为国家风景名胜区，经营砍伐受到一定限制，日本柳杉人工林面临林分密度不合理、生物多样性低、天然更新困难、林内结构性水土流失等一系列生态问题，引起各方高度关注。基于庐山的生态脆弱性和风景名胜区的景观要求，在本研究的日本柳杉人工林生态研究基础上，笔者认为庐山日本柳杉人工林是可调、可改、可优化的。重点可以从以下方面开展相关基础和技术研究。

(1)日本柳杉林天然更新机制研究

森林更新是森林持续经营的基础，是生态系统动态中森林资源再生产的一个自然或人为干预的生物学过程。在这个过程中，以目标树种为主的植物群落在时间和空间上不断延续、发展或发生演替，对未来森林群落的结构、生物学多样性保护、森林多功能经营利用具有深远的影响。天然更新被认为是一种高效、节约成本的森林更新方式，森林天然更新涉及种子雨、土壤种子库、种子萌发、幼苗更新、幼树生长等过程，这一过程中任一环节都可能导致天然更新失败。土壤种子库是森林天然更新最重要的物质基础，种子库的结构和功能影响天然更新的能力和方向，因此，能影响土壤种子库格局变化的各种因子或措施均能促进或妨碍森林的天然更新，直接影响到种群重建或植被恢复的物种组成与多样性。

庐山日本柳杉林普遍存在林内幼苗、幼树极为稀少，其幼树仅见于林窗、林缘及与其他林型交错边界等一些特殊生境中，呈现出天然更新困难迹象。已有研究表明，柳杉的种子活力低下，大多分布在枯枝落叶层和腐殖质层，柳杉未分解的凋落物存在对自身种子的萌发具有长期自毒作用的化感物质(俞飞等，2010)。

庐山柳杉人工林天然更新的障碍在哪里？土壤种子库表现出哪些特征？土壤种子库与天然更新的关系如何？幼苗天然更新的生态适应性机制怎样？日本柳杉是否也有自毒作用？要开展相关研究明确日本柳杉的自然更新潜力、幼苗天然更新障碍机制。

(2)日本柳杉生物多样性特征以及地上、地下生物多样的关联性研究

生态系统地上和地下部分之间具有密切联系，植物群落的结构和组成的变化会导致植物物种组成的差异，并对分解者产生重大影响。植物的多样性可以通过其凋落物和根系的分泌物导致植物和微生物之间的协同进化，促进土壤微生物的多样性。地上部分丰富的物种多样性可以引起作为地下生物资源的凋落物质量和类型的多样性(sulkava P. 1998，wardle D A. 2004)，而资源的异质性则可以引起分解者(土壤微生物)的多样性。土壤微生物影响植物营养的吸收，因此土壤微生物的种类必然会影响到植物的生长，某些土壤微生物可以通过与植物之间的种间关系影响植物发育、群落结构和演替。(Klironomos J N. 2002；Packer. A. 2000；Van der Heijden M G A，1998)

本课题组对日本柳杉不同密度结构林分及林窗的林下植被及其生物多样性状况的调查表明，不同林分密度以及不同年限、不同大小林窗内的植物种类组成及其植物多样性有差异，对相应的土壤动物、微生物种类组成及其生物多样性有怎样的响应，日本柳杉林地上植物生物多样性与地下生物多样性有怎样的关联性，有怎样的反馈机制，应该进一步开展相关研究，以进一步揭示影响日本柳杉林生物多样性的机制，为提高其生物多样性提供理论支撑。

(3)毛竹扩张入侵下的群落演变规律研究

毛竹是庐山国家级自然保护区主要的植被类型之一，面积 4141.6hm²，占总面积的13.12%。近几年来，毛竹林向包括日本柳杉林在内的周边邻近森林群落边界扩张蔓延趋势日益明显，毛竹扩张入侵对森林生态系统碳氮循环过程、物种生物多样性、凋落物分解及养分循环过程、地下生态系统及根系生长等都会产生一定的影响，要继续动态监测毛竹扩张下日本柳杉群落地上、地下生态系统的变化，评估毛竹扩张入侵对日本柳杉人工林的生态影响与未来发展趋势。

(4)探索林分结构优化技术

庐山日本柳杉引种造林以纯林为主，而且由于后期缺乏合理的间伐经营，存在树种林相单一、林分密度较大、林内光照条件差、林分结构不合理、林下植被稀少甚至寸草不生、生物多样性低、林内结构性水土流失严重，地表裸露现象比较普遍的状况。但也有林分密度低、林内光照条件较好、林下植被发育良好、组成和空间结构优良的林分。因此，通过间伐、景观疏伐改造、密度调整是可以优化林分结构，提高森林质量和生态功能的。

对于郁闭度 0.7 或以上的林分，遵循"采劣留优、采弱留壮、采密留稀、强度合理、保护幼苗幼树，并兼顾林木分布均匀"的原则，实行间伐强度不超过 20% 的景观疏伐强度

或按目标树单株择伐的近自然经营对比试验，探索林分结构优化技术。

（5）探索日本柳杉林改造更新技术与模式

庐山日本柳杉引种始于20世纪初，规模化造林从20世纪30年代到70年代，树龄普遍较大，林木进入生长缓慢期，林分抗逆性下降。多年来时常出现因雨雪冰冻、台风等自然灾害导致林木断梢甚至成片倒伏现象，森林火灾风险加大，影响森林景观和景区安全，而且普遍出现天然更新困难的状况。

本研究结果已经初步表明，日本柳杉林窗干扰和林相改造后土壤状况随改造和林窗年限的增加而得到改善，林窗内日本柳杉的天然更新和乡土阔叶树发育良好，生物多样性明显改善，可见，基于庐山国家风景名胜区的特殊要求和前期有关林相改造和林窗更新的研究成果，进行日本柳杉林相改造更新是优化庐山森林景观和提升森林质量的有效的和可行的途径。

为此，要进一步开展林窗改造更新技术研究，在掌握日本柳杉林窗天然更新规律与功能、过程的基础上，探索林窗改造的林窗面积、空间分布格局、人工促进更新的树种选择与配置、改造模式，并开展改造更新过程中林木生长、生物多样性、土壤等生态监测，了解林窗更新的生态过程与功能变化。

主要参考文献

俞飞，侯平，宋琦，等，2010. 柳杉凋落物自毒作用研究[J]. 浙江林学院学报(04)：494-500.

KLIRONOMOS J N, 2002. Feedback with soil biota contributes to plant rarity and invasiveness in communities [J]. Nature, 417：67-69.

NAEEM S, HAHN D R, SCHUURMAN G, 2000. Producer-decomposer co-dependency influences biodiversity effects [J]. Nature, 403：762-764.

PACKER A, CLAY K, 2000. Soil pathogens and spatial patterns of seedling mortality in temperate tree [J]. Nature, 2000, 404：278-281.

SULKAVA P, HUHTA V, 1998. Habitat patchiness affects decomposition and faunal diversity：a microcosm experiment on forest floor [J]. Oecologia, 116：390-396.

VAN DER Heijden M G A, KLIRONOMOS J N, URSIC M, et al., 1998. M ycorrhizal fungal diversity determines plant biodiversity, ecosystem variability and productivity [J]. Nature, 396：69-72.

WARDLE D A, Bardgett R D, KLIRONOMOS J N, et al., 2004. Ecological linkages betw een aboveground and below ground biota [J]. Science, 304：1629-1633.